青少年编程能力等级测试专用教程

NCT

图形化编程·二级

中国软件行业协会培训中心　主编

U0321406

山东人民出版社·济南

国家一级出版社 全国百佳图书出版单位

图书在版编目（CIP）数据

ＮＣＴ青少年编程能力等级测试专用教程．图形化编程．二级/中国软件行业协会培训中心主编．——济南：山东人民出版社，2022.6

ISBN 978－7－209－13625－9

Ⅰ．①Ｎ… Ⅱ．①中… Ⅲ．①程序设计－青少年读物 Ⅳ．①TP311.1－49

中国版本图书馆CIP数据核字（2021）第271083号

NCT青少年编程能力等级测试专用教程 图形化编程·二级

NCT QINGSHAONIAN BIANCHENG NENGLI DENGJI CESHI ZHUANYONG JIAOCHENG TUXINGHUA BIANCHENG ERJI

中国软件行业协会培训中心 主编

主管单位	山东出版传媒股份有限公司
出版发行	山东人民出版社
出 版 人	胡长青
社　　址	济南市市中区舜耕路517号
邮　　编	250002
电　　话	总编室（0531）82098914
	市场部（0531）82098027
网　　址	http://www.sd-book.com.cn
印　　装	山东临沂新华印刷物流集团有限责任公司
经　　销	新华书店
规　　格	16开（185mm×260mm）
印　　张	12.75
字　　数	185千字
版　　次	2022年6月第1版
印　　次	2022年6月第1次

ISBN 978－7－209－13625－9

定　　价　68.00元

编委会

主　　任　付晓宇

副　主　任　徐开德　韩　云　陈　梦

编委会成员（按姓氏笔画排序）

邢恩慧　刘宏志　苏　亚　李孔顺　李旭健

李苏翰　杨晓东　张卫普　林晓霞　袁永峰

袁应萍　徐倩倩　徐新帅　黄志斌　康　洁

鲁　燃　温怀玉　颜炳杰　薛大龙

序 言

信息技术和人工智能技术的发展，为整个社会生产方式的改进和生产力的发展带来前所未有的提升。人工智能不仅已经融入我们生活的方方面面，也成为国家间战略竞争的制高点。培养创新型信息技术人才将成为国家关键领域技术突破的重中之重。

为贯彻国家《新一代人工智能发展规划》精神，教育部办公厅印发《2019年教育信息化和网络安全工作要点》，要求"在中小学阶段设置人工智能相关课程，逐步推广编程教育"，教育部教育信息化技术标准委员会（CELTSC）组织研制、清华大学领衔起草了《青少年编程能力等级》团体标准第1部分、第2部分，2019年10月全国高等学校计算机教育研究会、全国高等院校计算机基础教育研究会、中国软件行业协会、中国青少年宫协会联合发布了该标准。

NCT全国青少年编程能力等级测试基于《青少年编程能力等级》标准，并结合我国青少年编程教育的实际情况、社会应用及发展需要而设计开发，是国内首个通过CELTSC《青少年编程能力等级》标准符合性认证的等考项目。中国软件行业协会培训中心作为《青少年编程能力等级》团体标准的执行推广单位，已于2019年11月正式启动全国青少年编程能力等级测试项目，旨在促进全国青少年编程教育培训工作的快速发展，为中国软件、信息、人工智能等领域的人才培养和储备做出贡献。

为更好推动 NCT 发展，提高青少年编程能力，中国软件行业协会依据标准和考试大纲，组织业内专家编撰了本套《NCT 青少年编程能力等级测试专用教程》。根据不同测试等级要求，基于 6～16 岁青少年的学习能力和学习方式，本套教程分为图形化编程：Level 1～Level 3，共三册；Python 编程：Level 1～Level 4，共四册。图形化编程，可以让孩子在动画和游戏设计过程中，进行自我逻辑分析、独立思考，启迪孩子的创新思维，可以让孩子学会提出问题、解决问题，其成果直观可见，不仅帮助孩子体验编程的乐趣，还能增添孩子的成就感，进而激发孩子学习编程的兴趣。而 Python 作为最受欢迎的编程语言之一，已在大数据、云计算和人工智能等领域都有广泛的应用，缩短了大众与计算机科学思维、人工智能的距离。

本套教程符合当代青少年教育理念，课程内容按照从基本技能到核心技能再到综合技能的顺序，难度由浅入深、循序渐进。课程选取趣味性强、生活化的教学案例，帮助学生加深理解，提高学生的学习兴趣和动手实践能力。实例和项目的选取体现了课程内容的全面性、专业岗位工作对象的典型性和教学过程的可操作性，着重培养学生的实际动手能力与创新思维能力，以优化学生的知识、能力和素质为目的，使学生在学习过程中掌握编程思路，增强计算思维，提升编程能力。因此，本套教程非常适合中小学学校、培训机构教学及学生自学使用。

教程编写后，我们邀请全国业内知名专家学者、一线中小学信息技术课教师和专业培训机构人员组成了评审专家组，专家组听取了关于教程的编写背景、思路、内容、体系等方面的汇报，认真阅读了本套教程，对本套教程给予了充分肯定，同时提出了宝贵的修改建议，为教程质量的进一步提升指明了方向。经讨论，专家组给出如下综合评审意见：本套教程紧扣《青少年编程能力等级》团体标准，遵循青少年认知规律，整体框架和知识体系完整，结构清晰，逻辑性强，语言描述流畅，适合青少年阅读学习。课程内容由浅入深、层层递进，案例贴近生活，是对青少年学习编程具有很强示范性的好教程，值得推广使用。

　　未来是人工智能的时代，掌握编程技能是大势所趋。少年强则国强，青少年朋友在中小学阶段根据自己的兴趣，打好编程基础，对未来求学和择业都大有裨益。相信青少年在国家科技发展、解决国家核心科技难题方面，一定能做出自己应有的贡献。

序　言 ……………………………………………………… 1

第一单元　二维坐标系

第 1 课　泰山缆车 …………………………………… 3

第 2 课　海底狩猎场 ………………………………… 15

第 3 课　草船借箭 …………………………………… 26

第二单元　克隆体和时间

第 4 课　贪吃猫 ……………………………………… 37

第 5 课　电子钟 ……………………………………… 46

第 6 课　后羿射日 …………………………………… 54

第 7 课　火箭发射 …………………………………… 64

第三单元　数学运算和逻辑运算

第 8 课　变速电风扇 ………………………………… 75

第 9 课　超大数的计算 ……………………………… 86

第 10 课　自动驾驶的红绿灯判断 ·············· 93

第 11 课　石头剪刀布 ·························· 106

第四单元　列表和字符串

第 12 课　打字练习 ··························· 121

第 13 课　真心话大冒险 ······················ 128

第 14 课　自动浇水机器人 ···················· 138

第 15 课　汇率计算器 ························· 147

第五单元　综合运用

第 16 课　直升机驾驶训练 ···················· 155

第 17 课　智能卧室灯 ························· 163

第 18 课　未来图书馆 ························· 170

附　录 ····································· 191

第一单元
二、坐标系

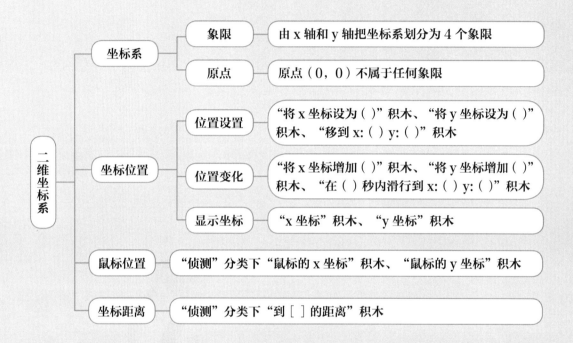

第 1 课　泰山缆车

　　加加自从学了唐代诗人杜甫的《望岳》以后，一直对泰山念念不忘，爸爸看加加对泰山如此痴迷，决定暑假的时候带加加去爬泰山。在去泰山之前，加加特地收集了一些关于泰山的资料，通过这些资料，加加知道了泰山素有"五岳之首"之称，相传泰山为盘古开天辟地后其头部幻化而成，因此中国人自古崇拜泰山，有"泰山安，四海皆安"的说法。加加来到泰山脚下时，被泰山的巍峨、险峻深深地震撼到了，加加心想：果然百闻不如一见呀。于是加加毫不犹豫地跟着爸爸开启了泰山之旅，刚开始的时候，加加爬得特别起劲，但是随着时间的推移，加加爬得筋疲力尽。不过加加丝毫没有跟爸爸抱怨，最终和爸爸成功爬到了山顶。加加想：泰山那么高，很多人可能爬不到山顶就放弃了，要是能给泰山设计一个升降电梯该多好！一想到升降电梯，加加顿时又来了精神，自己可以用编程给泰山做一个升降电梯呀！那这个升降电梯用编程该怎么做呢？

　　在用编程制作升降电梯之前，我们首先需要认识一下二维坐标。在编辑器中点击选择背景按钮 ⬤，里面有很多的背景，其中有一个是 x，y 坐标的背景。（图 1-1-1）

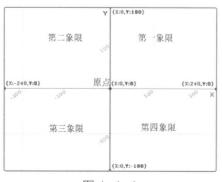

图 1-1-1

　　当我们把角色摆放在某个位置的时候，可以在属性中查看该角色的 x 坐标和 y 坐标。

　　横向的轴叫作 x 轴，纵向的轴叫作 y 轴。x 轴和 y 轴把舞台分成 4 个象限，右上角叫作第一象限，角色处在第一象限时

3

x 坐标和 y 坐标都是正数；左上角叫作第二象限，角色处在第二象限时 x 坐标是负数，y 坐标是正数；左下角是第三象限，x 坐标和 y 坐标都是负数；右下角为第四象限，x 坐标为正数，y 坐标为负数。原点（0，0）不属于任何象限。

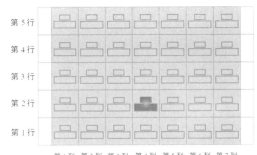

图 1-1-2

理解二维坐标系其实很简单，想象一下上学时候的教室。（图 1-1-2）

要在教室中确定某个桌子的位置，我们可以说第 4 列第 2 行。这里的 4 就可以理解为横坐标 x，2 理解为纵坐标 y。所以该同学在坐标系中的位置是(4，2）。

灵活运用二维坐标知识，我们可以精确控制角色的位置。现在我们就可以用坐标知识来完成泰山电梯的安装了。

题目要求：在画板中制作一部缆车或者从编程加加网站中搜索缆车上传到自己程序中。（图 1-1-3）

添加一个人物角色。（从编程加加网站搜索"加加"）（图 1-1-4）

图 1-1-3

图 1-1-4

用键盘的左右键可以控制人物左右移动。当人物碰到电梯后，电梯能够上升，人物角色跟随电梯上升。

上升到山顶之后人物可以在山顶四处走动。

当人想下山的时候，再次进入电梯，电梯可以下降。

电梯在上升和下降过程中，为防止发生危险，禁止人物走出电梯。

开发步骤：

1. 先用画板画一座大山，当作泰山。或者登录编程加加网站在素材大全中搜索自己喜欢的场景。（图1-1-5）

2. 绘制一条缆绳。

3. 编写人物左右行走的程序，当碰到缆车时隐藏人物。（图1-1-6）

4. 用鼠标点击缆车时，缆车判断自己的坐标，如果是在山底，则向上运动，如果是在山顶则向下运动。（图1-1-7）

图 1-1-5

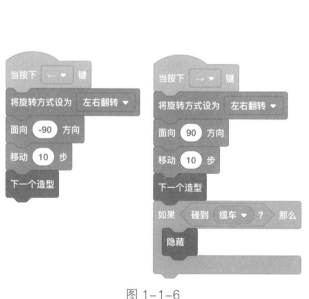

图 1-1-6

图 1-1-7

5. 缆车结束运动后，将人显示在缆车的侧面。如果在山下，将人显示在缆车的左侧；如果在山上，则将人显示在缆车的右侧。因为要控制人的显示、隐藏和位置，所以用"广播消息"和"接收消息"的积木比较好。（图

1-1-8）

6. 现在我们可以控制人物坐缆车上山下山了。同学们可以给程序添加一些音效，让程序更精彩。也可以装饰一下泰山，确保大家做出的作品都可以有自己的特色。

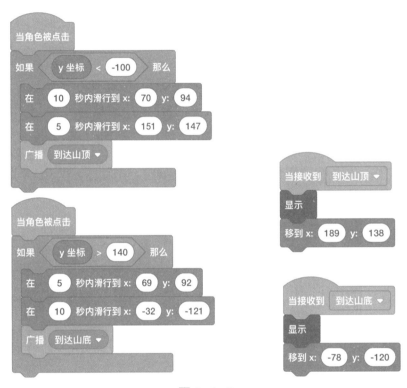

图 1-1-8

程序清单

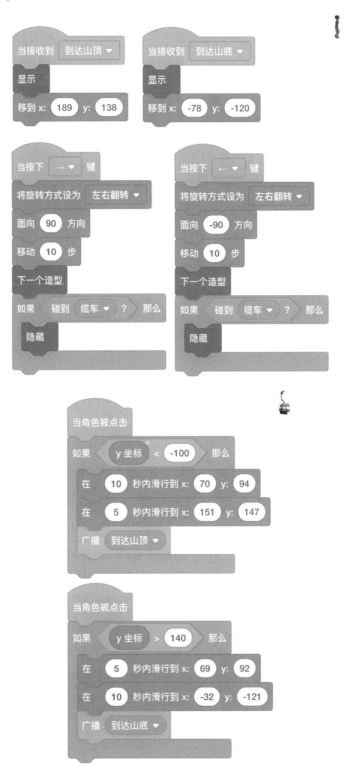

知识要点

1. 二维坐标是用在二维空间的，其中角色在横向的位置用 X 轴表示。X 轴的正方向与坐标箭头方向一致向右，且从左到右数字逐渐变大。

2. 角色在竖向的位置用 Y 轴表示，Y 轴的正方向与坐标箭头方向一致向上，且从下到上数字逐渐变大。

3. 坐标系分为 4 个象限，x>0 且 y>0 的区域是第一象限，x<0 且 y>0 的区域是第二象限，x<0 且 y<0 的区域是第三象限，x>0 且 y<0 的区域是第四象限。原点不属于任何象限。

4. "移到 x: ( ) y: ( )"积木，使角色瞬间移动到坐标系中指定坐标点。

5. "在 ( ) 秒内滑行到 x: ( ) y: ( )"积木，表示角色从当前位置匀速移动到指定坐标。

 考点练习

1. 有一角色，坐标为（36，−30），它位于舞台（　　）。

　　A．第二象限　　　　　　　　B．第四象限

　　C．第六象限　　　　　　　　D．不属于任何象限

2. 角色运行下列脚本后，坐标不是（200，200）的选项是（　　）。

A. 　　　　　B.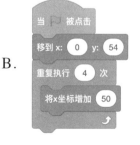

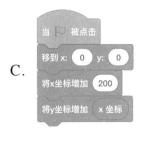

C.

D.

3. 原点（0，0）属于第几象限（　　）。

　　A. 第一象限　　　　　　　　B. 第二象限

　　C. 不属于任何象限　　　　　D. 第四象限

4. 设定角色"小珊"初始 x 坐标为 0，运行脚本，当按下 a 键一次后，x 坐标变为（　　）。

　　A. 0　　　　　　　　　　　B. 10

　　C. −10　　　　　　　　　　D. 20

 趣味练习

一、足球射门练习

加加自从跟老爸一起看了世界杯以后，就彻底成了一个足球迷，现在加加最喜欢的足球健将就是梅西，加加幻想着有朝一日能够像自己的偶像一样站在世界的舞台上进行比赛，所以加加就参加了学校的足球俱乐部。一次在学校踢完足球以后，加加想：我可以用编程做一个这样的足球射门游戏，这样很多像我一样喜欢足球的小朋友们就可以通过手机来进行足球射门游戏。

题目要求：从背景中选择足球场背景，添加足球和小猫作为角色（或从编程加加网站搜索自己喜欢的角色），写程序让小猫和足球能够动起来，点击空格键射门，如果足球射入球门加一分，如果未进减一分。

提示：1. 新建适用于所有角色的变量"进球次数""失败次数"，初始值均为 0。分别给足球和小猫创建角色变量方向 dir，初始值为 0。

2. 确定足球的初始位置，水平方向移动 x 的范围和足球进网后 x 与 y 的范围。若进入球网进球次数 +1，若足球碰到小猫或者踢出球网 x 的范围，失败次数 +1。当按下空格键的时候发射足球。温馨小提示： 将x坐标增加 dir1 8 该积木表示角色运行的速度。

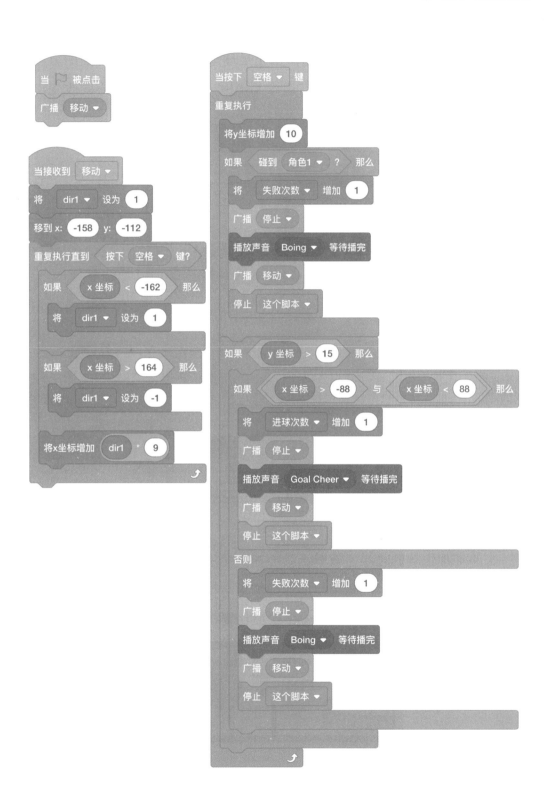

3. 小猫要在球网前来回移动，阻止足球进入。首先确定小猫的方向与初始位置，查看小猫在球网内左右边缘 x 坐标，如果碰到球网方向改变。

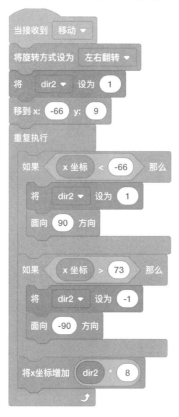

二、投篮比赛

去年加加生日的时候，爷爷送给加加一个生日礼物——篮球。因为时间原因，加加一直没玩。但是今年加加参加了学校组织的篮球社团，如今她对投篮非常着迷。现在我们来设计一个投篮比赛，让加加来玩一下吧！

　　题目要求：用键盘控制人物和篮球左右移动，按下空格键投篮，用程序判断是否投中。

　　提示：1. 在程序开始运行的时候，篮球需要隐藏并且移到角色处。

　　2. 控制角色的左右移动。

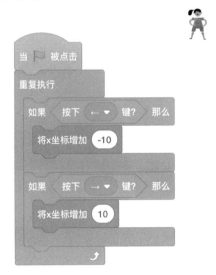

　　3. 当按下空格键时控制篮球向上运动，用程序判断如果篮球的坐标位于球网当中，进球变量增加，如果篮球离开边缘，则得分减一。

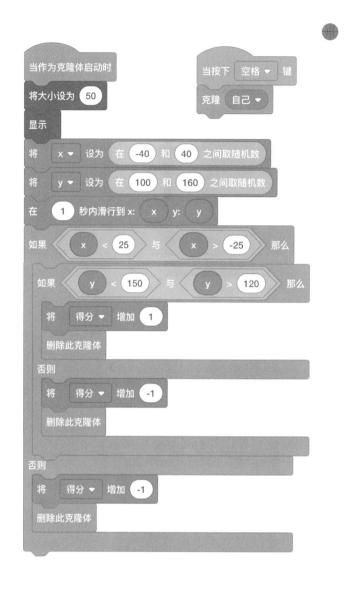

第 2 课　海底狩猎场

《海底两万里》中，尼摩船长邀请阿龙纳斯教授到克利斯波岛的海底狩猎。他们穿着特制的潜水服，下潜到水下 100 米深，那里没有阳光，需要用头顶的探照灯照明。一路上他们见到了很多新奇的海底动物，还用特制的猎枪击退了海蜘蛛，与海底的鲨鱼搏斗，还在海底睡了几个小时。最后他们带着丰盛的战利品回到鹦鹉螺号上。

真是一段奇幻的旅程啊！加加多么想也能像教授一样到海底来一次奇妙的狩猎。那我们就用程序做一个海底狩猎的游戏来满足加加的好奇心吧。（图 1-2-1）

图 1-2-1

题目要求：

（1）鼠标控制瞄准器的位置（瞄准器跟随鼠标移动）。

（2）瞄准后按下鼠标左键"击中"目标，有相应的加分，但是打到"减分目标"时，会有相应的减分。

（3）当分数达到 10 分，显示游戏胜利，返回鹦鹉螺号。

（4）如果不幸伤到了潜水员，则显示游戏失败，重新开始。

在这节课中，我们会认识一个新的积木，这个积木就是运动中的"移到 [鼠标指针]" 移到 鼠标指针 ▼ ，参数中有不同选项，如果选择"鼠标指针"，角色会移动到鼠标的指针位置处。如果选择"随机位置"，角色会随机出现在舞台的某个位置。如果选择其他某个角色，角色会瞬间移动到该角色所在的位置。

开发步骤:

素材库中选取一个喜欢的背景和人物角色。由于素材库中没有瞄准镜的角色,我们选取圆形及线条进行绘制。在第一册中我们已经学习了关于角色的编辑,现在我们进入画板中绘制瞄准镜。

(1)在画板中画瞄准镜,瞄准镜可以呈现正常、射击(左键按下)两种造型。(图 1-2-2)

图 1-2-2

(2)"瞄准镜"跟随鼠标指针移动,且按下鼠标时切换"瞄准镜"造型。(图 1-2-3)

图 1-2-3

（3）角色在舞台上随机位置出现并自由移动，"瞄准镜"瞄准并射击，射中某些角色后会加分或者减分。加分需要用到积木 ![将 得分 增加 1] ，减分只需把 1 改为 –1 即可。（图 1-2-4）

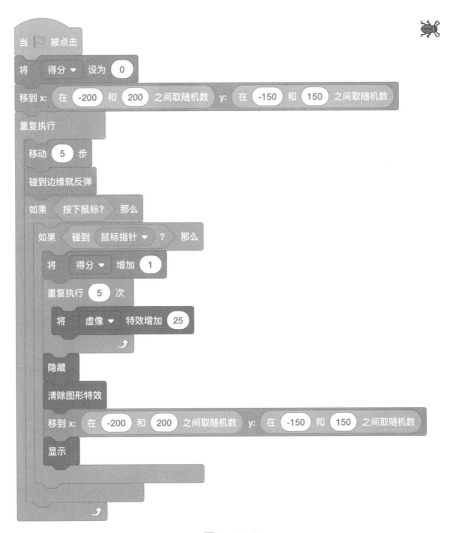

图 1-2-4

（4）根据上面角色，我们可以开发扣分角色的程序。当打中潜水员时，给予扣分处理。

（5）请同学们自己添加一些音效来提升游戏的可玩性。比如射到自己人的时候出现尼摩船长，说你伤到自己人了，扣你金币。也可以更换自己的海底背景。（图 1-2-5）

图 1-2-5

程序清单

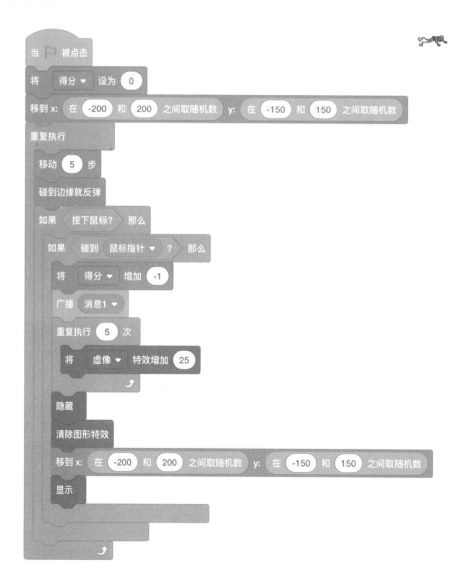

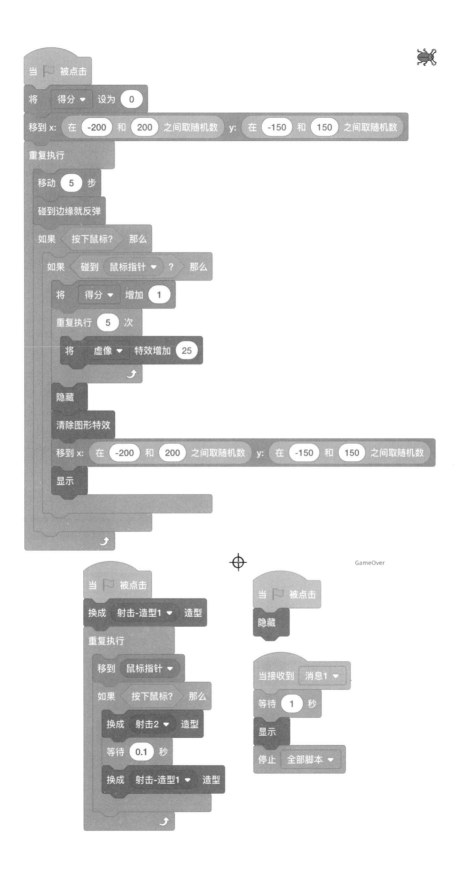

当 ▷ 被点击
将 得分 ▼ 设为 0
移到 x: 在 -200 和 200 之间取随机数 y: 在 -150 和 150 之间取随机数
重复执行
　移动 5 步
　碰到边缘就反弹
　如果 按下鼠标? 那么
　　如果 碰到 鼠标指针 ▼ ? 那么
　　　将 得分 ▼ 增加 1
　　　重复执行 5 次
　　　　将 虚像 ▼ 特效增加 25
　　　隐藏
　　　清除图形特效
　　　移到 x: 在 -200 和 200 之间取随机数 y: 在 -150 和 150 之间取随机数
　　　显示

GameOver

当 ▷ 被点击
换成 射击-造型1 ▼ 造型
重复执行
　移到 鼠标指针 ▼
　如果 按下鼠标? 那么
　　换成 射击2 ▼ 造型
　　等待 0.1 秒
　　换成 射击-造型1 ▼ 造型

当 ▷ 被点击
隐藏

当接收到 消息1 ▼
等待 1 秒
显示
停止 全部脚本 ▼

19

知识要点

1. 鼠标在舞台区移动的时候，可以用"侦测"分类下 `鼠标的x坐标` 和 `鼠标的y坐标` 积木获取鼠标所在位置的 **x** 和 **y** 坐标。

2. "侦测"分类下 `按下鼠标?` 积木，用以判断鼠标是否被点击，然后启动后续程序。

3. "侦测"分类下 `碰到 鼠标指针 ?` 积木，用以判断角色和鼠标的碰撞，然后启动后续程序。

4. "运动"分类下 `移到 鼠标指针` 积木，可以让角色跟随鼠标移动。

 ## 考点练习

1. 以下哪块积木可以控制角色跟随鼠标指针移动（　　）。

A. `移到 随机位置`　　　B. `移到 鼠标指针`

C. `面向 鼠标指针`　　　D. `在 1 秒内滑行到 随机位置`

2. 以下哪块积木可以控制角色在整个舞台区进行移动（　　）。

A. `移到 x: 180 y: 132`　　B. `移到 x: 0 y: 在 -180 和 180 之间取随机数`

C. `移到 x: 在 -240 和 240 之间取随机数 y: 在 -180 和 180 之间取随机数`

D. `移到 x: 在 -240 和 240 之间取随机数 y: 0`

3. 以下哪块积木不能控制角色移到舞台的随机位置（　　）。

A. `在 1 秒内滑行到 随机位置`　　B. `移到 随机位置`

C. `移到 x: -131 y: -61`

D. `在 1 秒内滑行到 x: 在 -240 和 240 之间取随机数 y: 在 -180 和 180 之间取随机数`

趣味练习

一、打地鼠

加加家的后院有一块空地，爸爸把地平整了一下，就在空地种了很多蔬菜，既省钱又卫生。可是最近地里来了很多地鼠，它们把蔬菜的根给破坏了，导致很多蔬菜都枯萎了。加加于是想设计一个程序，如果地鼠从地里冒出来，可以用鼠标指挥一个小锤子赶跑地鼠。快来帮加加完成这个程序吧。

题目要求：地鼠会随机出现在屏幕中，鼠标控制锤子击打地鼠，打到地鼠加分，未打到地鼠减分，点击鼠标锤子切换造型。

从素材库里选择一个自己喜欢的背景，选择老鼠这一角色。这节课我们所用的锤子需要我们用角色画板自己去绘制，需要两种造型。

提示：1. 角色的绘制

选择画板中的正方形，用正方形画出一个锤子造型。选中造型 1 点击鼠标右键进行复制。选中造型 2 找到选择 对锤子的造型进行方向的改变。

2．锤子跟随鼠标移动，按下鼠标的时候做出打地鼠的动作。

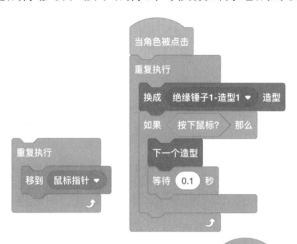

3．因为需要很多的地鼠，所以我们需要用到 当作为克隆体启动时 与 克隆 自己▼ 两块积木来克隆地鼠。

4．克隆体出现范围为整个舞台区，舞台区 x 坐标在 –240 到 240 之间，y 坐标在 –180 到 180 之间。

移到 x：在 -240 和 240 之间取随机数 y：在 -180 和 180 之间取随机数

5．设置游戏变量"得分"，游戏未开始时游戏分数为 0，如果打到地鼠加 1 分，未打到得 –1 分。

当 ▶ 被点击
将 得数▼ 设为 0
重复执行
　克隆 自己▼
　等待 在 1 和 3 之间取随机数 秒

克隆体出现在随机位置，出现时间 1 ~ 3 秒钟：

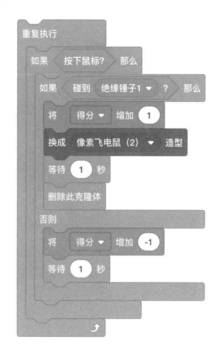

克隆体出现时，如果按了鼠标，并且碰到绝缘锤子，老鼠切换造型，得分加 1，否则得分减 1。

二、自动切水果机

加加家里来了客人，妈妈让加加去切一盘水果过来，但是粗心的加加不小心切到了手指，好疼啊。加加想：我可不可以制造一台自动切水果的机器呢？

题目要求：鼠标画线切水果，水果碰到线条造型发生改变。

提示：1. 选取背景和水果，我们会发现选取的水果是没有被切开的造型，这时候我们就需要给水果做切开的造型了。

点击鼠标右键复制水果。

点击第二张图片转换为位图 ，然后点击选择 ，此时我们只需要选择水果的一部分，点击旋转按钮转动，转换为矢量图即可。其他水果的造型切换也仿照此步骤。

2. 画笔颜色的选择与控制。

绘制一个白色点角色，跟随鼠标一起运动。点击鼠标时，通过"画笔"分类下"落笔"和"抬笔"，即可画出白色线段。

3. 水果出现在舞台随机位置并保持 2 秒，如果碰到画笔留下的痕迹，就变换造型。

当 ▶ 被点击
重复执行
　显示
　换成 apple ▼ 造型
　移到 x: 在 -210 和 210 之间取随机数 y: 在 -160 和 160 之间取随机数
　等待 2 秒

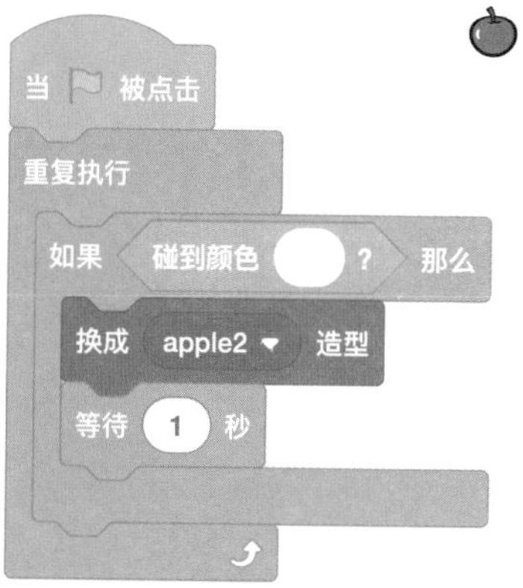

当 ▶ 被点击
重复执行
　如果 碰到颜色 ( ) ? 那么
　　换成 apple2 ▼ 造型
　　等待 1 秒

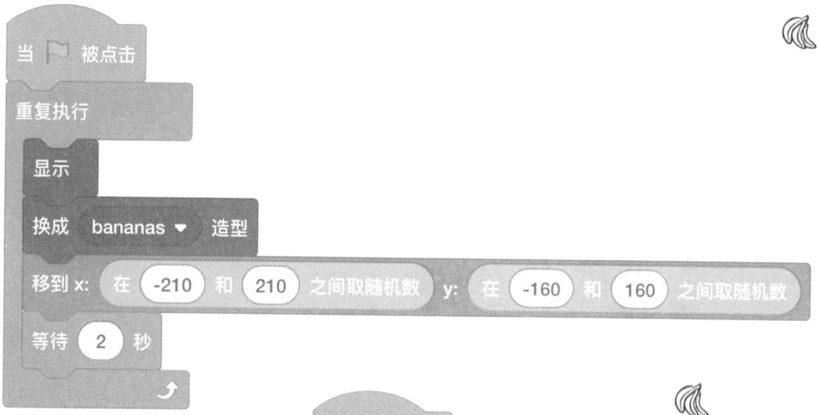

当 ▶ 被点击
重复执行
　显示
　换成 bananas ▼ 造型
　移到 x: 在 -210 和 210 之间取随机数 y: 在 -160 和 160 之间取随机数
　等待 2 秒

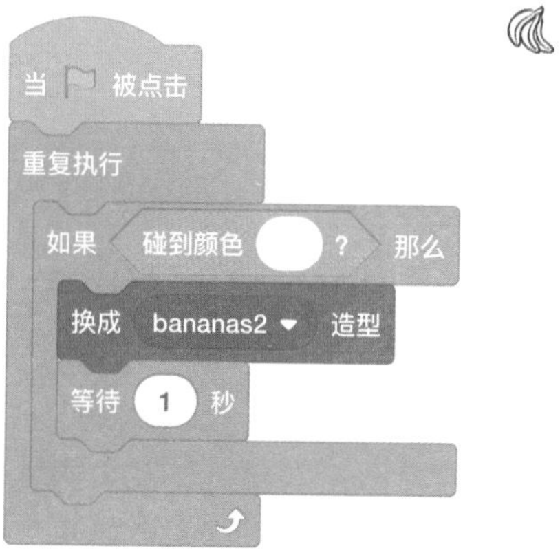

当 ▶ 被点击
重复执行
　如果 碰到颜色 ( ) ? 那么
　　换成 bananas2 ▼ 造型
　　等待 1 秒

第 3 课　草船借箭

三国时期，刘备的军师诸葛亮和东吴的周瑜一起商量如何抵抗曹操的大军。诸葛亮建议用箭，但是东吴的箭不够用，于是诸葛亮心生一计，把稻草人绑在船上趁着浓雾到曹操的阵前挑战，曹操的士兵怕有埋伏，不敢出击，只好向船的方向射箭，诸葛亮灵活地调整船的位置和方向，既能让箭射过来，又不离曹营太近，免得被曹军发现是假人。等船上插满了箭，诸葛亮带着满满一船箭回到了东吴。

"诸葛亮真是聪明啊，"加加感叹着，"要不然我做一个草船借箭的游戏，让大家都当一回诸葛亮吧。"

题目要求：曹军站在岸上防守，诸葛亮的船从屏幕边缘出现并逐渐向岸边移动，用程序判断小船和弓箭手的距离，如果距离小于 300 就自动射箭。如果距离小于 100，弓箭手会发现船上的人是假人，就会停止射箭。控制船左右移动，来接住更多的箭，箭的数量达到 20 就可以结束游戏了。（图 1-3-1）

图 1-3-1

开发步骤：

1. 从素材库中找到需要的素材。弓、箭、弓兵、船、稻草人。找不到合适的素材建议到编程加加网站上搜索素材。（图 1-3-2）

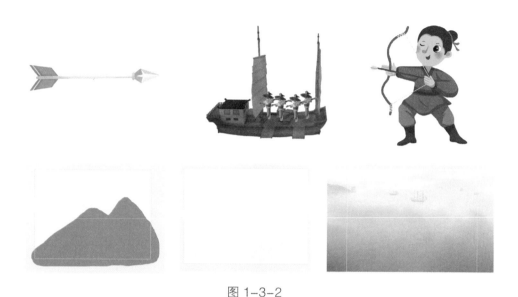

图 1-3-2

2. 为小船编写程序，出现在屏幕边缘，用键盘的左右键控制船只移动，在屏幕上显示离敌人的距离。（图 1-3-3）

图 1-3-3

3. 为弓箭兵编写程序，随时判断与船只的距离，如果距离小于 300，则开始射箭，如果发现与船只距离小于 100 则停止射箭。（图 1-3-4）

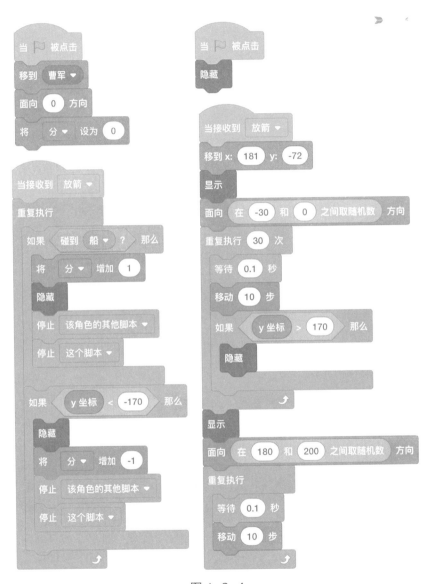

图 1-3-4

4. 当箭射中船只，积分加 1，掉到地上，积分减 1。（图 1-3-5）

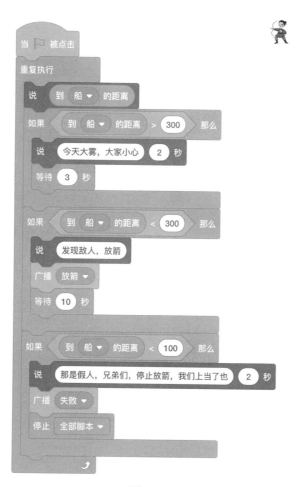

图 1-3-5

5. 积分达到 20 分，显示胜利画面。（图 1-3-6）

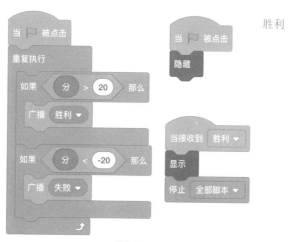

图 1-3-6

6. 接收到游戏失败后显示失败画面。（图 1-3-7）

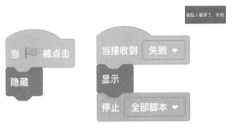

图 1-3-7

7. 为了增加游戏的趣味性，我们还增加了浓雾的效果。（图 1-3-8）

图 1-3-8

 知识要点

计算两个角色的距离可以直接用"侦测"分类下积木 到 鼠标指针 ▼ 的距离 。该积木是根据两个角色的坐标计算出两个角色之间的距离的。

考点练习

1. 以下哪块积木能够计算两角色之间的距离（   ）。

A. 碰到 鼠标指针 ▾ ？

B. 到 鼠标指针 ▾ 的距离

C. 移到 鼠标指针 ▾

D. 面向 鼠标指针 ▾

2. 角色 A 的坐标是（–5，0），角色 B 的坐标是（4，0），A 到 B 的距离是（   ）。

A. 5

B. 4

C. 9

D. 1

3. 角色"小猫"在程序开始时是隐藏的，如果"小猫"到鼠标指针的距离小于 50，那么"小猫"显示，否则隐藏。给小猫写程序，以下哪一选项正确（   ）。

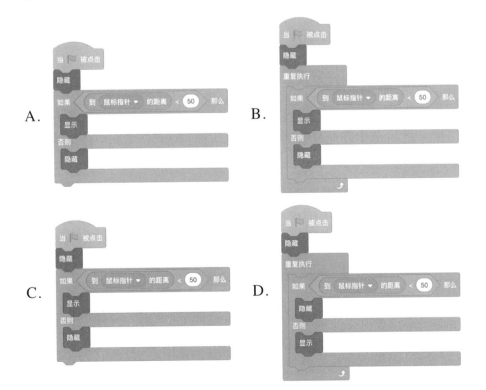

趣味练习

一、公交车报站系统

加加坐公交车的时候，发现公交车每前进一段距离就会播报距离前方多远，每次快到站的时候都会提前告知即将到达的站名。请用学过的编程知识来做一个公交车报站系统吧。

题目要求：做一个公交车报站系统，让背景随 x 轴移动，看起来公交车在前进，每次移动后都播报：距离前方还有 ×× 米。

提示：1. 选中户外背景，希望背景移动起来，此时我们会发现背景不可使用运动类积木，我们需要将背景图片转化成角色，选中背景 ，选中 ，然后选中角色中的绘制，点击 即可生成了一张角色图片。粘贴两次并拼接到一起即可形成一个很长的角色。

2. 移动背景和公交站台。

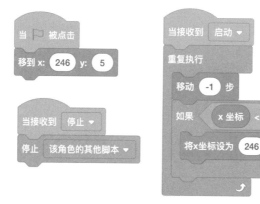

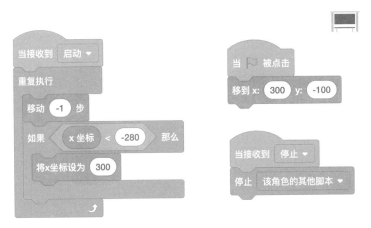

3. 播报距离前方还有多少米。

二、自动消毒门

由于新型冠状病毒的出现，现在很多公共场所已经安装了自动测温装置。但是测温装置仅仅能监测体温，不能进行消毒，于是加加想运用学过的编程知识做一个消毒门，既能监测体温又能自动消毒。让我们开始吧。

题目要求：做一个自动消毒门，当人距离喷雾小于 n 米时，门自动喷射消毒气体。

提示：1. 选择合适的背景和程序中所用到的素材，如果找不到合适的素材建议到编程加加网站上搜索。

2. 运用键盘中的"←""→"控制人的左右移动，将人的旋转方式设为左右翻转，如果不设置旋转方式，则程序运行时可能与预期不符合。

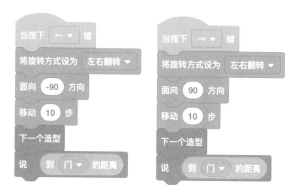

3. 当喷雾距离人小于 100 时，喷射消毒气体，同时播放喷雾的声音。

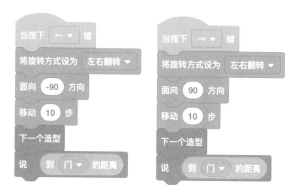

第二单元
克隆体和时间

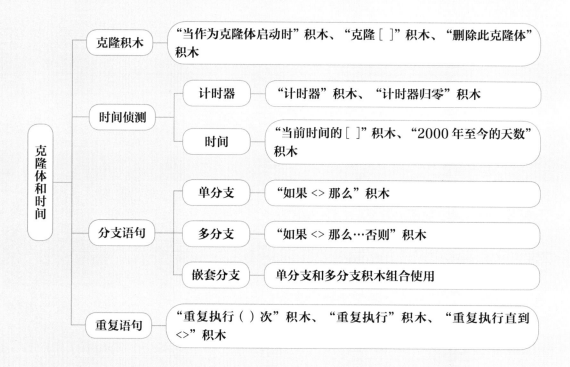

第 4 课　贪吃猫

爸爸告诉加加，世界上第一只无性繁殖的羊叫多利，是通过成熟体细胞克隆出来的。加加联想到编程中也用了克隆积木，对"克隆"理解更透彻了。在编程中克隆就是指在程序中将一个指定的角色复制出一个或多个同样的角色。

克隆角色有本体和克隆体的区分，需要复制的角色称为本体，复制出的角色称为克隆体。克隆体与本体的大小、位置、方向等属性相同。

在编程中如果想要运用积木克隆一个角色，那么我们需要找到"控制"中与克隆相关的三块积木：

克隆 自己▼ ：选择指定的角色复制出克隆体。

当作为克隆体启动时 ：是克隆事件的开端，对克隆体控制。

删除此克隆体 ：克隆体执行完程序后删除自己。

加加在玩贪吃蛇游戏的时候发现，贪吃蛇每次吃到一个食物时它的身体就会变长。以前加加很迷惑这是怎么做到的呢？现在终于知道了，可以通过"克隆"来实现身体变长。现在我们用编程来一探究竟吧。（图2-4-1）

题目要求：控制角色运动，小猫碰到老鼠以后，老鼠消失，小猫的身体变长一点，同时，老鼠重新出现在舞台的随机位置。

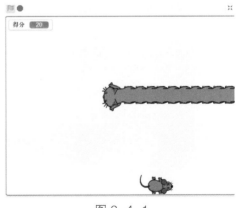

图 2-4-1

图 2-4-2　　　　　　　　　　　图 2-4-3

提示：（1）需用键盘控制小猫上下左右进行运动。（图 2-4-2）

（2）小猫需要做两个造型，我们通过改造 cat 的造型来做小猫的头和身体。（图 2-4-3）

（3）小猫吃到老鼠后尾巴开始变长。造型 2 作为身体，将最新克隆的角色移到图层的最下面。身体的长度，通过克隆体显示时间来控制，吃老鼠越多，显示时间越久，实现了身体变长。（图 2-4-4）

（4）老鼠被小猫吃掉后消失，得分增加 1 分，播放声音，等待 0.3 秒后又出现在场景中的一个随机位置。（图 2-4-5）

图 2-4-4

图 2-4-5

程序清单

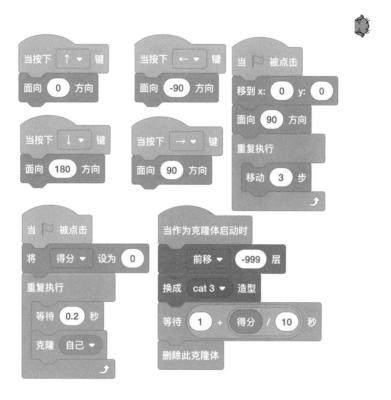

知识要点

1. "控制"分类下"克隆［自己］"积木：选择指定的角色复制出克隆体。

2. "控制"分类下"当作为克隆体启动时"积木：是克隆事件的开端，对克隆体写程序。

3. "控制"分类下"删除此克隆体"积木：在程序运行中删除当前的克隆体。

4. 克隆角色时，角色身上的程序也会一起被克隆。

 ## 考点练习

1. "小猫"的脚本如下图所示。运行脚本，舞台上最多显示（　　）只"小猫"。

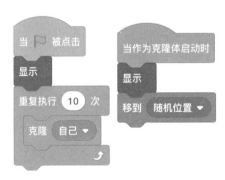

  A．8　　　　　　　　　　　　B．9

  C．10　　　　　　　　　　　D．11

2. （填空题）小猫在舞台上排列成如图 a 所示的方阵，脚本如图 b 所示，脚本中"？"处应填写的是（　　）。

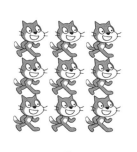

a   b

3.（填空题）角色"蝴蝶"的脚本如下图所示。运行该脚本，假设蝴蝶不会重叠，舞台上会显示（　　）只"蝴蝶"。

趣味练习

一、围棋

加加的爸爸是一个围棋的资深爱好者，每次茶余饭后都要拉着加加下几盘围棋，但是回姥姥家时忘记带围棋了，这让老爸心里有些失落。于是加加就想用编程在电脑上制作一款围棋小游戏，这样就能跟老爸在电脑上下围棋了。

题目要求：围棋分黑白棋子两种，双方各走一次，依次轮番进行，黑棋先走。

提示：1. 用画板自己去创建棋盘角色与黑白棋子角色，灵活使用图像的马赛克工具，可以快速绘制棋盘。

2. 当点击黑白棋子时，棋子能够克隆自己。

3. 设置鼠标控制黑白棋子，当点击鼠标，棋子克隆体落在鼠标指定坐标位置。即，当鼠标按下时，克隆体跟随鼠标指标一起移动。松开鼠标时不再跟随。

4. 程序运行时要以全屏的方式运行，防止棋子被误拖动。

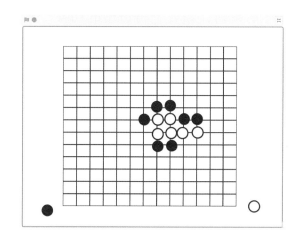

二、烟花表演

以前每到过年的时候，广场上都会进行烟花表演，但是现在出于环境保护的考虑，国家限制了鞭炮以及烟花的燃放。可是没有烟花表演的年是没有氛围的，于是加加想到可以用编程来做一个烟花表演。

题目要求：烟花在舞台区域进行表演，并且可以切换造型，同时出现很多的烟花。

提示：1. 用画笔自制夜景作为背景，可以在网上下载烟花的 gif 图片，通过上传造型绘制角色。

2. 克隆烟花。

3. 当作为克隆体启动时，需要进行造型的切换，同时烟花造型是由小变大的。

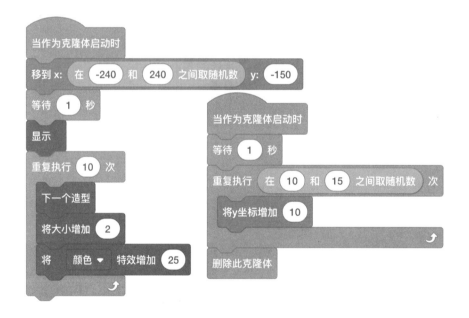

三、为我点赞吧

加加发现短视频平台的点赞功能很漂亮，点击"点赞"按钮后会有很多小爱心图案冒出来。恰逢教师节，加加想给辛勤耕耘的老师做一张电子贺卡，贺卡中有点赞功能，可以冒出很多美丽的小爱心图像。

题目要求：设置"点赞"按钮，点击按钮的时候会有小红心弹出，并且红心不断变小直到消失。

提示：1. 当点击"点赞"按钮时，发送广播，弹出小红心。

2. 收到广播,爱心这一角色移到"点赞"按钮位置,并且开始时隐藏角色,克隆自己。

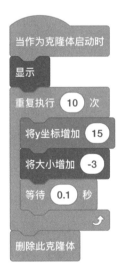

第5课　电子钟

周末，加加和同学约好去新华书店看书，可是一不小心又睡过头了。加加想，要是有一个闹钟能提醒自己就好了。加加这时开始寻思，要是我用编程写一个闹钟程序，设定到具体时间提醒我，这样就不会总是错过时间。我们一起来先做一个电子钟吧。

题目要求：让电子钟的时间和电脑桌面时间实现同步，并且在舞台区显示出当前的时分秒。（图2-5-1）

在"侦测"分类下，时间相关的积木有4个：

"计时器"积木，最小单位是毫秒，从0开始计时，用以计算时间的长短。通

图 2-5-1

常结合条件判断、变量、连接、计时器归零等积木制作计时器。

"计时器归零"积木，在程序中让计时器重新开始计算，常结合控制、侦测积木一起使用。

"当前时间的［年］"积木，用来获取电脑上当前的年、月、日、星期、

图 2-5-2

时、分、秒。常和"运算"分类下的"连接（）和（）"一起使用，显示当前的时间。（图2-5-2）

"2000年至今的天数"积木，用来计算2000年1月1日到今天的天数。

在素材库中选取一个喜欢的背景和人物角色，由于素材库中没有电子钟的角色，我们选取一个立体的

图 2-5-3

图 2-5-4

长方形按钮做电子钟。

提示：（1）运用积木"说（ ）（ ）秒"，让我们选取的角色询问现在的时间。（图 2-5-3）

（2）我们需要借助变量来帮我们记录时间，所以我们要新建变量"时"和"分"来分别存储。（图 2-5-4）

（3）时间的显示用到了"运算"分类下的字符串的连接积木 连接 apple 和 banana ，连接"当前时间的［时］"和"当前时间的［分］"。

（4）获取时间用到"当前时间的［年］"积木。

（5）点击"闹钟"时，变量记录的时间要与现在我们的本地时间的"时""分"都同步，让程序显示出我们同步后的时间。（图 2-5-5）

（6）角色切换造型来回走动，"碰到边缘就反弹"，但方向要正确，所以"将旋转方式设为［左右翻转］"。（图 2-5-6）

图 2-5-5

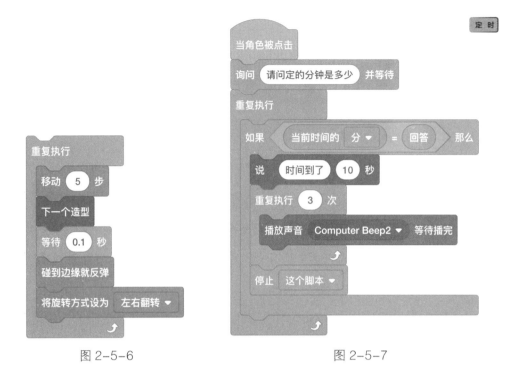

图 2-5-6　　　　　　　　　　　　图 2-5-7

（7）既然要制作闹钟程序，就需要有"设定闹钟时间"的功能。当点击设定时间按钮时，输入设定的分钟，在程序中判断当前时间的分钟如果等于设定的分钟，则闹钟开始发出声音。（图 2-5-7）

程序清单

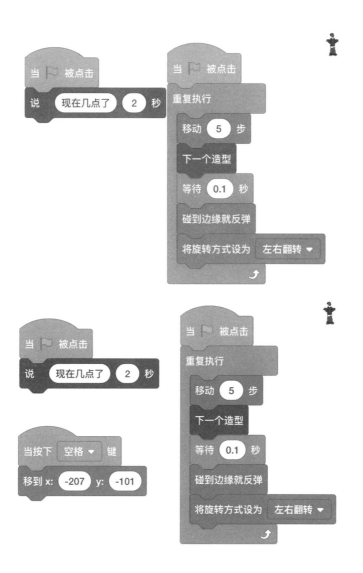

 知识要点

1. 侦测分类下的"计时器"积木,最小单位是毫秒,从 0 开始计时,用以计算时间的长短。通常结合条件判断、重复执行、变量、连接、计时器归零等积木制作计时器或者倒计时器。

2. 侦测分类下的"计时器归零"积木,在程序中把计时器清零重新开始计算。

3. 侦测分类下的"当前时间的 [年]"积木,用来获取本地当前的年、月、日、星期、时、分、秒。常和"运算"分类下的"连接( )和( )"积木一起使用,组成字符串,显示当前的时间。

考点练习

1. 能够持续读取当地时间的程序是（　　）。

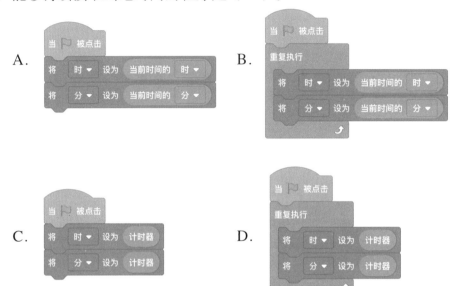

2. 运行下图程序，变量时间的值不可能的是（　　）。

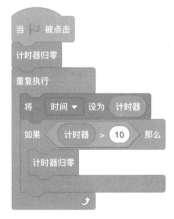

　　A. 2.456　　　　　　　　　　B. 6.723

　　C. 13.416　　　　　　　　　　D. 9.621

3. 加加制作了一个计时器程序，如果想达到以下计时逐渐增加的效果，该怎么做（　　）。

A.   B.

C.   D.

趣味练习

一、倒计时秒表

加加最近挑食，特别喜欢吃肉不喜欢吃青菜，而且不爱运动，长胖了很多。妈妈为了让加加多运动，规定加加每天都要跳绳或者跑步至少半个小时。为了精确计算运动时间，加加希望有一个可以倒计时的秒表，这样就可以随时知道还要运动多长时间了。

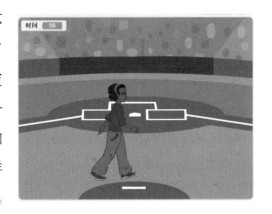

同学们，我们来帮加加做一个倒计时秒表吧。

题目要求：帮助加加做一个简易的倒计时秒表，计时一分钟后结束，计数的同时加加来回踱步，并且角色跟着秒表倒数。

进入素材库选择一个喜欢的背景和人物角色，新建变量让时间从60秒开始倒数，同时人物左右移动并倒数，直到倒数结束。

提示：1.选择好背景和角色后，我们需要借助变量帮我们记住截止的时间，新建变量"时间"，记录倒数时间。

2. 由于计时器从 0 开始不断增加，并且还有小数，我们倒数就从 60 开始相减计时的整数即可，"计时器"有 3 位小数表示精确到毫秒，取整数需调用"运算"分类下"四舍五入（ ）"积木。

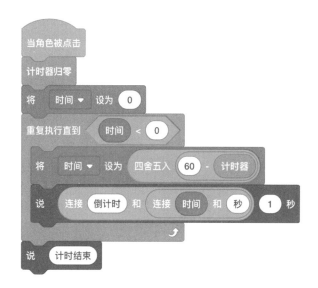

二、平板支撑 100 秒

加加的妈妈特别注重自己的身材，每天都要跟着视频做一些运动，今天加加的任务就是帮妈妈计 100 个数，监督妈妈完成平板支撑 100 秒大挑战。

题目要求：帮助加加做一个计时器，当时间达到 100 秒的时候，提醒时间到了。

在角色中导入"平板支撑"的角色，选取喜欢的背景后开始写程序。

1. 导入我们准备好的"平板支撑"的角色。

2. 新建变量时间，帮助我们记录，初始值设置为 0，方便我们计数。

3. 因为我们的平板支撑要 100 秒，所以我们设置让它自动往后计数，用重复执行，每隔 1 秒变量加 1，直至我们的时间等于 100。

第 6 课　后羿射日

在编程中，除了顺序执行程序以外，我们也有条件判断，根据不同的条件，做出不同的程序执行。这样的程序结构，我们叫作分支结构。

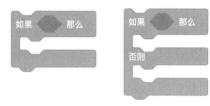

图 2-6-1

分支结构的积木在"控制"分类下，主要有 2 个积木（图 2-6-1）：

"如果 < > 那么"积木：在如果框中填写判断语句，判断结果为"成立"或者"不成立"，如果成立，就执行"肚子"里的程序，如果"不成立"就不执行。

"如果 < > 那么…否则"积木：多分支条件判断语句，判断结果如果"成立"，则执行"如果"里程序，"不成立"就执行"否则"里面的程序。

当出现多个条件判断时，积木经常组合使用，比如：如果"数学成绩 >90"，说"优秀"，否则，如果"数学成绩 >60"，说"及格"，否则说"不及格"。

后羿射日

传说古时候，天上有十个太阳，他们都是东方天帝的儿子，他们每日轮班值守，为人间带来光明。可是有一天他们一起出现在天空中，造成了人间的一场灾难，善于射箭的后羿将天上的 9 个太阳射掉，于是有了后羿射日的故事。加加感觉中国的传统文化故事太有意思了，如果能和现在的计算机结合，同学们理解起来一定更加深刻。于是，加加想通过编程，把后羿射日的故事做成小游戏，让我们来帮加加吧。

题目要求：用"A"和"D"键控制后羿左右运动，按下空格键，后羿开始射天上的太阳，太阳在天上一直运动，如果"箭"碰到"太阳"，太阳就消失，最后保留一个太阳。同时，创建变量"剩余太阳"表示天上太阳数量，创建"箭"表示箭剩余数量。如果最后箭为 0，太阳数量还大于 1 个，表示任务失败。（图 2-6-2）

图 2-6-2

步骤：1. 首先从素材库或者编程加加网站搜索"后羿射日"的素材，导入背景和所需角色。同时创建变量"剩余太阳数"和"箭"。

2. 用左右键或者 AD 键控制后羿运动，同时，造型不断变化，保持走路的动态。（图 2-6-3）

3. 程序启动，我们先把变量"箭"设为 10，表示后羿有 10 支箭。

当按下空格键，变量"箭"如果大于 0，那么角色"箭"克隆自己，让剩余"箭"减少 1；否则箭数量为 0，如果剩余太阳大于 1，说"哎呀，没

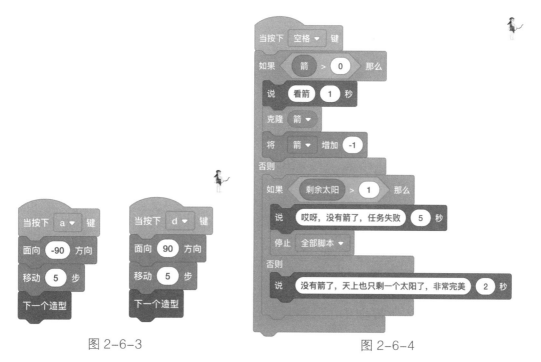

图 2-6-3

图 2-6-4

图 2-6-5

有箭了，任务失败"，程序结束；否则说"没有箭了，天上也只剩一个太阳了，非常完美"。（图 2-6-4）

4．当克隆体启动时，克隆体立即移到后羿身上，开始发射，重复执行，让 y 坐标不断增加。（图 2-6-5）

5．对于太阳，我们需要 10 个克隆体，当克隆体启动的时候，我们希望太阳在天上运动，每个太阳的运动可能不一样，所以我们还需要创建 2 个变量"x 步"和"y 步"，一方面表示速度，另外一方面有利于控制太阳 x 坐标和 y 坐标。（图 2-6-6）

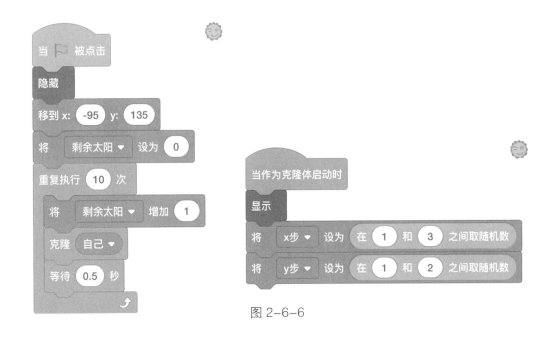

图 2-6-6

6．对于太阳，单一左右运动不合适，在整个舞台区运动也不合适，我们希望它们能在一定范围运动。如果超过规定范围，x 坐标方向运动变为 -x 坐标方向运动或者 y 坐标方向运动变为 -y 坐标方向运动。运动过程中，太阳如果碰到箭，表示被射中了，最后我们只需要保留 1 个太阳。（图 2-6-7）

图 2-6-7

7. 判断游戏胜利或失败需要用到"如果＜＞那么…否则"积木，在太阳大于 1 个时又分为有箭和没有箭两种情况，在不同的情况下后羿说的话不同。太阳小于等于 1 个时，又分只剩一个时和一个都不剩时两种情况。（图2-6-8）

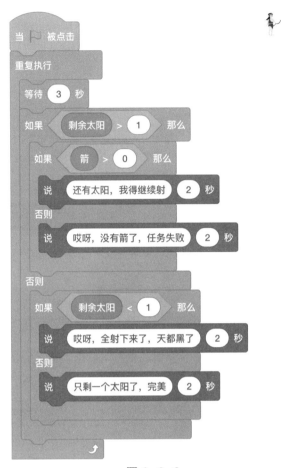

图 2-6-8

程序清单：

后羿程序：

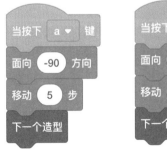

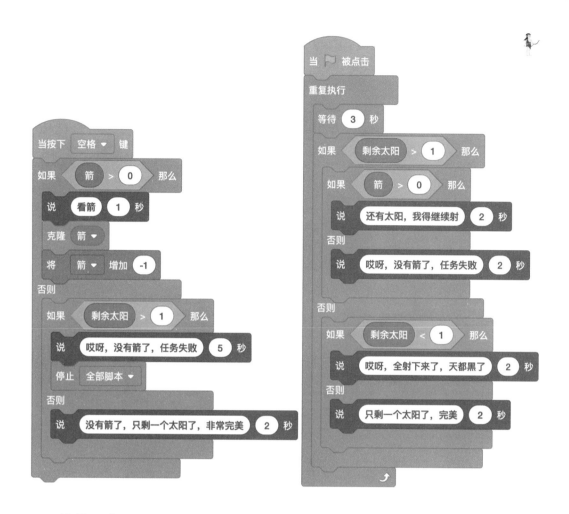

箭的程序:

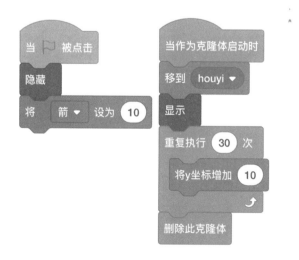

太阳程序：

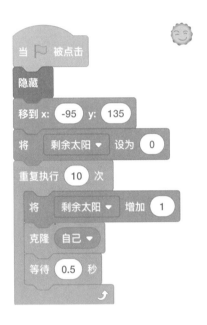

知识要点

1. "控制"分类下，"如果＜＞那么"积木：在如果框中填写判断语句，判断结果为"成立"或者"不成立"，如果成立，就执行"肚子"里的程序，如果"不成立"就不执行。

2. "控制"分类下，"如果＜＞那么…否则"积木：多分支条件判断语句，判断结果如果"成立"，则执行"如果"里程序，"不成立"就执行"否则"里面的程序。

3. 分支语句中可以再嵌套分支语句，组合使用形成多分支语句。

 考点练习

1. 已知角色"对勾"有如下两个造型，下图是它的脚本。运行下图脚本，关于舞台效果描述正确的是（   ）。

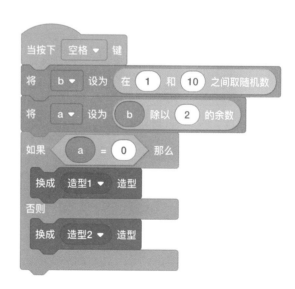

造型1

造型2

A. 按下空格，总是出现造型 1

B. 按下空格，总是出现造型 2

C．按下空格，造型 1 和造型 2 出现概率各一半

D．按下空格，总是造型 1 比造型 2 多

 趣味练习

一、考试评优

题目要求：期末考试成绩出来了，学校将成绩分为 A、B、C 三个等级。90 分及以上为 A，60 分及以上且小于 90 分为 B，60 分以下为 C，编写一个程序，循环输入学生的成绩，看看成绩属于哪个级别吧？

提示：分支结构中可以多次使用分支结构，分支中又可以使用分支。循环输入，可以使用重复积木。

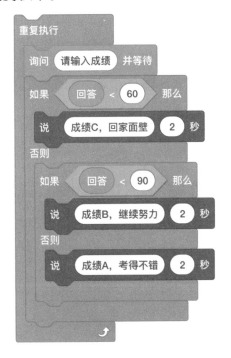

二、垃圾分类

应国家要求现在各地已经开始了严格的垃圾分类制度，加加家所在的小区也是如此，但是加加不知道垃圾到底怎么分类，经常放错垃圾，这也让垃圾分类的工作人员很苦恼。加加非常内疚，但是她没有办法快速记住这些垃

圾的类别,怎么办呢? 我们来做一个小程序,帮助加加快速记住垃圾如何分类。

题目要求:自动显示垃圾应该放入的垃圾桶。

提示:1. 进入画板,应用不同颜色的矩形画出不同的垃圾桶,并做上文字标记。

2. 设置垃圾可以随意扔进垃圾桶。

3. 条件分支和物体碰撞的判断。

4. 香蕉角色整体分类的判断。

第 7 课　火箭发射

加加早上五点钟突然惊醒，她做了一个梦，梦到自己和多多跟随一个声音去了天问一号的火箭发射台，梦中的加加控制不住自己的身体，只能看着自己跟随这个声音，眼看着火箭发射了出去，才发现是一场梦。原来是昨晚看了天问一号火箭发射的新闻，才做了这样一个梦。但是这个梦实在是太真切了，她怕自己忘记，所以用程序记录了下来。

题目要求：发射台有个"开始"按钮，当点击"开始"按钮，火箭从10 开始倒计时准备发射。随后切换背景，火箭缓缓上升，最后脱离地球引力，以太空为背景，在太空中翱翔。（图 2-7-1）

图 2-7-1

开发步骤：

这里我们用到了一个新积木"重复执行直到＜＞"。程序有顺序结构、分支结构和循环结构三种。前面两种结构都已经学习了，循环结构，顾名思义，就是重复执行一段程序，我们可以规定程序中循环多少次或者满足什么条件停止循环。在"控制"分类下，循环相关的积木有

图 2-7-2

3个。（图2-7-2）

1."重复执行（ ）次"积木，可以用来控制循环次数，参数根据需要修改。

2."重复执行"积木是无限循环结构，"肚子"里面的程序会一直重复执行。

3."重复执行直到< >"是条件循环结构，执行之前先判断"条件"是否成立，如果"不成立"就一直循环，如果"成立"则终止循环，并执行循环体外的程序。

（1)点击"开始"按钮，倒计时程序开始，我们需要建立一个变量"倒计时"，重复执行直到这个变量变为0，每次变量减1，循环结束后，弹出对话框"发射"。（图2-7-3）

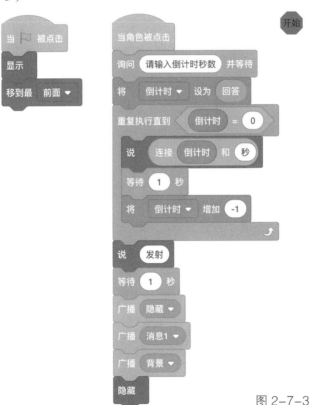

图2-7-3

（2）火箭开始发射，切换背景造型，背景处理成长图，让背景角色从上向下运动，造成火箭快速上升的景象。上升到足够高度后广播消息，让地球旋转。（图2-7-4）

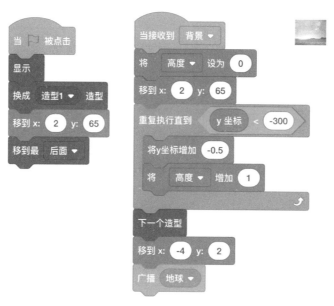

图 2-7-4

（3）火箭先是上升，直到上升 75 高度处，然后等待背景继续下降，直到高度达到 700 才开始转向。火箭飞向遥远的火星之旅就开始了。（图 2-7-5）

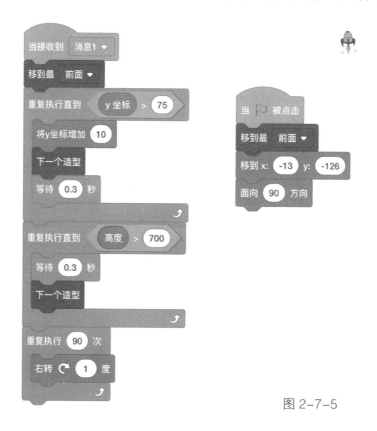

图 2-7-5

4. 地球收到消息也不停自转。（图 2-7-6）

图 2-7-6

程序清单：

发射台背景程序：

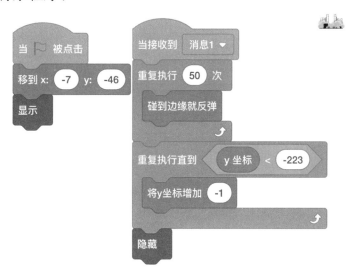

宇航员程序：

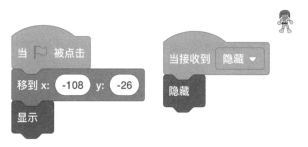

开始按钮程序：

```
当 ▶ 被点击
显示
移到最 前面 ▼
```

开始

```
当角色被点击
询问 请输入倒计时秒数 并等待
将 倒计时 ▼ 设为 回答
重复执行直到 〈 倒计时 = 0 〉
    说 连接 倒计时 和 秒
    等待 1 秒
    将 倒计时 ▼ 增加 -1
说 发射
等待 1 秒
广播 隐藏 ▼
广播 消息1 ▼
广播 背景 ▼
隐藏
```

火箭程序：

```
当接收到 消息1 ▼
移到最 前面 ▼
重复执行直到 〈 y坐标 > 75 〉
    将y坐标增加 10
    下一个造型
    等待 0.3 秒
重复执行直到 〈 高度 > 700 〉
    等待 0.3 秒
    下一个造型
重复执行 90 次
    右转 ↻ 1 度
```

```
当 ▶ 被点击
移到最 前面 ▼
移到 x: -13 y: -126
面向 90 方向
```

背景角色程序：

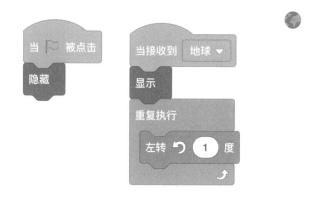

地球程序：

知识要点

1. "控制"分类下"重复执行（）次"积木，可以用来控制循环次数，参数根据需要修改。

2. "控制"分类下"重复执行"积木是无限循环结构，"肚子"里面的程序会一直重复执行。

3. "控制"分类下"重复执行直到＜＞"是条件循环结构，执行之前先判断"条件"是否成立，如果"不成立"就一直循环，如果"成立"则终止循环，并执行循环体外的程序。

4. 让背景角色抖动，可以通过"重复执行（ ）次"积木和"碰到边缘就反弹"积木组合实现。

考点练习

1. 有重复次数的循环结构是（　　）。

A.

B. 重复执行

C. 重复执行直到

D. 将　我的变量　增加　1

2. 变量的自减程序是（　　）。

A. 将　我的变量　增加　1

B. 将　我的变量　增加　-1

C. 将　我的变量　设为　1

D. 将　我的变量　设为　-1

3. 角色"猫"的初始大小为原图的 100%，运行下图脚本，下列选项说法错误的是（　　）。

A. 猫先增大后变小

B．程序运行过程中，猫出现过是初始值的 90%

C．程序运行过程中，猫出现过是初始值的 120%

D．程序运行过程中，猫的最小值是初始值的 50%

 趣味练习

一、绽放的鲜花

加加放学走在回家的小路上，闻到阵阵花香，她蹲在路边观察着这些美丽的花朵，伸手采了最鲜艳的一朵。加加嗅嗅花香，又仔细研究起来，刚学习了编程的加加对各种事物充满了好奇，她看着娇艳的花朵，开始想能不能用程序实现花朵的绽放呢，赶快试一试！

题目要求：让草坪开出花朵。

提示：1. 花朵由多片花瓣构成，我们需要进入画板画一片花瓣，并把中心点放在花瓣的下边。

2. 一片花瓣变成多片花瓣，需要重复克隆自己。为了画出不同风格的花，我们让用户自己输入每个花瓣之间的角度，因为圆的一周是 360 度，所以我们用一个变量来保存当前角度，重复执行直到角度大于 360 度，这样就能保证无论输入多少度都能生成一圈美丽的花瓣。

```
当角色被点击
询问 旋转多少度 并等待
将 角度 ▼ 设为 0
重复执行直到 ⟨ 角度 > 360 ⟩
    右转 ↻ 回答 度
    将 角度 ▼ 增加 回答
    克隆 自己 ▼
```

二、数字炸弹

编写一个程序，让计算机产生一个 1 到 100 之间的随机数，然后询问用户这个数是多少，用户输入答案后输出是否回答正确，如果用户输入的数偏大则告诉用户"偏大了"，如果用户输入的数偏小则输出"偏小了"，用户回答正确后输出"对了"然后结束程序，如果没有回答正确则一直询问直到用户回答正确。

提示：1. 先创建一个变量"随机数"，并设为 1 到 100 之间的随机数。

2. 使用"重复执行直到 < >"积木，用户不断输入猜的数字，和计算机生成的数比较大小。

第三单元
数学运算和逻辑运算

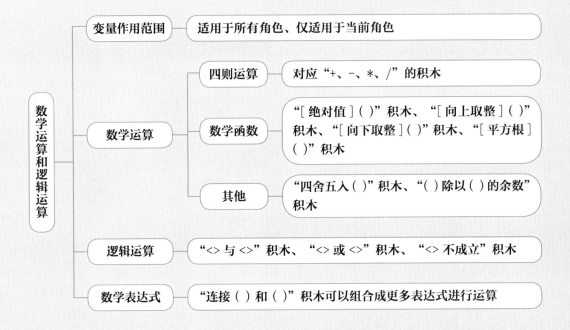

数学运算和逻辑运算

变量作用范围 —— 适用于所有角色、仅适用于当前角色

数学运算
  四则运算 —— 对应"+、-、*、/"的积木
  数学函数 —— "[绝对值]（ ）"积木、"[向上取整]（ ）"积木、"[向下取整]（ ）"积木、"[平方根]（ ）"积木
  其他 —— "四舍五入（ ）"积木、"（ ）除以（ ）的余数"积木

逻辑运算 —— "<> 与 <>"积木、"<> 或 <>"积木、"<> 不成立"积木

数学表达式 —— "连接（ ）和（ ）"积木可以组合成更多表达式进行运算

第 8 课　变速电风扇

加加的哥哥多多作为家里的"小小发明家"最擅长的事就是把各种家用电器拆开研究其中的原理，这天多多又把家里的电风扇给拆了，说是想研究研究电风扇是如何实现换挡的，还说想把普通电风扇改成遥控控制。真是拆家小能手呀！拆开之后多多发现除了电机之外就只有一个主板了，主板上有一个黑色的方块，应该就是控制芯片了，爸爸说程序就是写在这个芯片里的，当按下不同按键的时候用程序控制芯片输出不同的信号，经过数模转换，电路输出大小不同的电流就能实现风扇的转速控制了。

"那我能写程序控制芯片吗？"多多问爸爸。

"当然能了，你可以在电脑里把程序写完再调试成功，然后用图形化编程编辑器专用的开发主板就能控制一个小电风扇了。"爸爸回答道。

"好吧，那我先在电脑里模拟控制电风扇。"

题目要求：用画板画出风扇的扇叶、支架以及底座，通过按钮控制风扇的转速和停止。不同转速，风扇速度不同，可设 2 个挡。设计一个遥控器，在遥控器上能控制电风扇换挡和定时开启、定时关闭。（图 3-8-1）

1. 从画板中绘制电风扇和遥控器，遥控器的圆角边框是用矩形添加变形点的方式制作。（图 3-8-2）

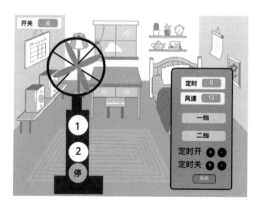

图 3-8-1

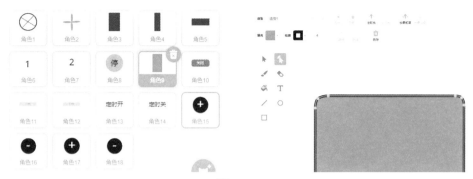

图 3-8-2

2. 为了让扇叶根据我们的积木变换风速，我们需要新建变量"风速"。在扇叶上写程序，让其旋转，旋转速度为"风速"。（图 3-8-3）

因为"风速"变量默认值为 0，所以风扇叶子虽然执行了旋转积木，但是一动不动。那该如何让扇叶旋转呢？只需改变变量"风速"即可。

图 3-8-3

3. 当点击"一挡"按钮时，设置变量"风速"为 5。看看风扇能旋转起来了吗？（图 3-8-4）

不过与现实中的电风扇不同的是，真实的电风扇会逐渐加速，而我们的电风扇会瞬间加速到最终速度，这会让程序显得很不自然，为了解决这个问题，我们把程序改成如下。（图 3-8-5）

图 3-8-4

图 3-8-5

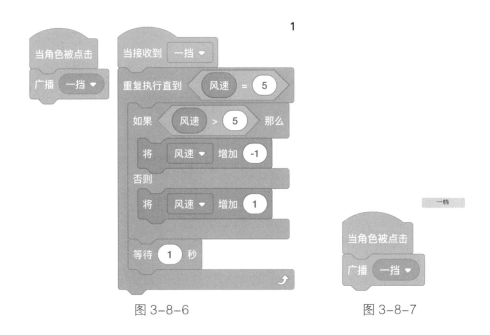

图 3-8-6　　　　　　　　　　　图 3-8-7

相同的程序在遥控器的按钮上复制一遍，即可实现遥控控制了。

但是把同样的程序书写两遍，似乎有点浪费，我们于是想到了可以用"广播消息"的方式，把程序改成如图 3-8-6 所示。

在遥控器的"一挡"按钮上，就可以简单地发送消息即可实现程序的调用了。（图 3-8-7）

4. 二挡的程序与一挡的类似，请同学们思考一下应该如何书写。

5. 停止按钮与一挡按钮类似，逐渐把风速降到 0 即可。这样能做出逐渐停下的效果。（图 3-8-8）

图 3-8-8

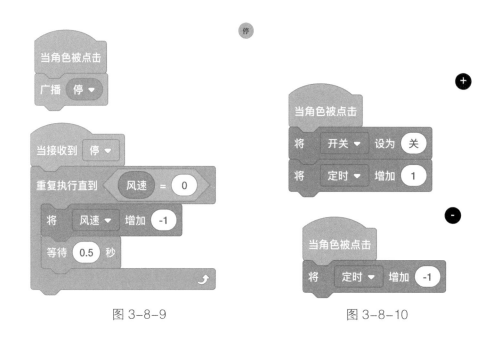

图 3-8-9　　　　　　　　　　　图 3-8-10

也是基于上述考虑，我们还是把程序改为用"广播消息"的方式来控制。（图 3-8-9）

6. 接下来就要做定时按钮了，点击定时开的"加号"键时，让"定时"变量增加，点击"减号"键时让"定时"变量减少。（图 3-8-10）

因为有两种定时方式，而且两种定时方式共用了同一个变量"定时"，为了区别它们，我们增加了一个变量"开关"，用来保存用户是按了"定时开"还是"定时关"。

现在请同学们仿照上面程序，自行完成"定时关"的"加号"和"减号"程序吧。

7. 设定了定时的时间之后，我们需要用程序来控制时间自动减少，当减少到 0 的时候根据"开关"变量的状态来决定开启电风扇还是关闭电风扇。（图 3-8-11）

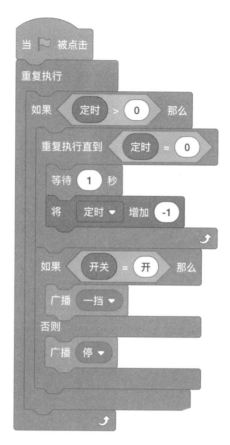

图 3-8-11

8. 同学们可以测试一下多多开发的电风扇控制程序能否正常工作了。

程序清单:

1

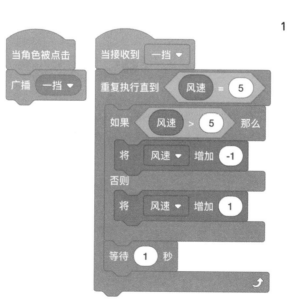

停

当角色被点击
广播 二挡 ▼

当接收到 二挡 ▼
重复执行直到 风速 = 25
　如果 风速 > 25 那么
　　将 风速 ▼ 增加 -1
　否则
　　将 风速 ▼ 增加 1
　等待 1 秒

当角色被点击
广播 停 ▼

当接收到 停 ▼
重复执行直到 风速 = 0
　将 风速 ▼ 增加 -1
　等待 0.5 秒

一档

当角色被点击
广播 一档 ▼

当角色被点击
将 开关 ▼ 设为 开
将 定时 ▼ 增加 1

当 ▷ 被点击
重复执行
　如果 定时 > 0 那么
　　重复执行直到 定时 = 0
　　　等待 1 秒
　　　将 定时 ▼ 增加 -1
　如果 开关 = 开 那么
　　广播 一档 ▼
　否则
　　广播 停 ▼

二挡

当角色被点击
广播 二挡 ▼

● -

当角色被点击
将 定时 ▼ 增加 -1

● +

当角色被点击
将 开关 ▼ 设为 关
将 定时 ▼ 增加 1

● -

当角色被点击
将 定时 ▼ 增加 -1

知识要点

1. 利用变量不仅能保存数据，还可以保存状态，这种变量也可以称为"状态机"。

2. 变量的作用范围分为两种：适用于所有角色、仅适用于当前角色。选择为"适 用于所有角色"后，在所有角色的程序中均可使用该变量，选择为"仅适用于当前角色"时，该变量仅能在当前角色 的程序中使用。

3. 关系运算有大于、小于、等于 3 个积木，比较两个数、字符或者变量之间的大小关系，返回布尔值 True（真）或者 False（假），经常和分支语句"如果 < > 那么"积木一起使用。

⟨ a > b ⟩：判断字符 a 是否大于 b，如果正确返回 True，否则返回 False。

⟨ a < b ⟩：判断数值 a 是否小于 b，如果正确返回 True，否则返回 False。

⟨ a = b ⟩：判断数值 a 是否等于 b，如果正确返回 True，否则返回 False。

 考点练习

1. 加加在设计打地鼠游戏时使用了"克隆"角色的方式，她想用变量记录每个地鼠挨打的次数，此时适合用什么类型的变量？（ ）

    A．适用于所有角色　　　　B．仅适用于当前角色

    C．两种方式均可

2. 下面程序，运行后返回结果是（ ）。

趣味练习

一、保险柜的密码

加加的日记本被哥哥偷看了，加加很生气，于是决定用编程的方式制作一个有密码功能的保险柜，把日记存在保险柜里。用程序写日记的功能暂时还没学如何开发，那我们先完成保险柜密码功能吧。

题目要求：点击"锁"询问密码，正确时开锁，错误时重新输入。

提示：1. 首先我们的密码箱分为三部分，箱体、密码键盘和锁，进入画板画一个密码箱和密码键盘，键盘上的数字按钮也需要通过画板中的文字添加来完成。

2. 根据我们第一册的知识，导入我们准备好的角色"锁"。

3. 新建一个变量密码，来帮我们记住设置好的密码，设置初始值，为了安全起见我们需要隐藏密码。

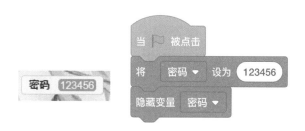

4．让角色切换造型移动至密码箱去开锁，碰到密码箱时隐藏起来，准备输入密码。

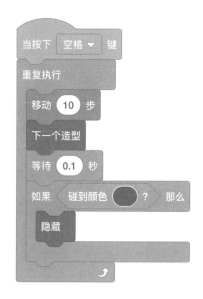

5．点击"密码锁"时，询问密码，输入密码等于设置好的密码说"密码正确"，不等于设置好的密码说"请重新输入"。

二、飞蛾扑火

很多昆虫会依赖太阳光判断方向，比如飞蛾，所以在晚上的时候飞蛾很难判断飞行方向，如果见到篝火飞蛾就会围绕篝火旋转，经常会不小心飞到火里，所以中国古代有"飞蛾扑火"成语，比喻为了追求光明，哪怕牺牲也在所不惜。

但是在现实中我们还是要避免在户外玩火，以免伤及无辜的飞蛾。加加制作了飞蛾扑火模拟程序，用来演示玩火对飞蛾的伤害。

1. 在飞蛾角色身上新建变量"血量"，注意一定要选择"仅适用于当前角色"。

2. 使用"克隆[自己]"积木来生成10只飞蛾，并让它们随机四处飞行，如果碰到火则自身血量减少。

3. 为了记录有多少飞蛾被火烧死了，我们使用了一个全局变量"烧死数量"，在所有克隆体中均可操作此变量。

第 9 课　超大数的计算

加加星期六去乡下看望姥姥和姥爷，星期天下午才回家，度过了一个愉快又难忘的周末。回到家里，加加感觉时间过得太快了，爸爸说："加加，爸爸要考你一个问题，你已经学了编程，你能计算一下一年有多少个星期吗？"

加加思考了一下，对爸爸说："这个太简单了，看看我怎么做吧！"

加加快速打开编辑器，在"运算"的分类中找到了绝对值 绝对值 积木。可以看到这个积木有很多数学运算的函数：

"绝对值"函数：正数的绝对值是它本身，负数的绝对值是它的相反数。

"向下取整"函数：对于两个整数之间的小数，取较小的整数。比如 1.8 向下取整的值是 1，−3.4 向下取整是 −4。

"向上取整"函数：对于两个整数之间的小数，取较大的整数。比如 1.8 向上取整的值是 2，−3.4 向上取整是 −3。

"平方根"函数：一个数 x 的平方是 y，则 y 的平方根是绝对值 |x|。比如 3 或者 −3 的平方是 9，则 9 的平方根是 3。

还有很多函数是高中阶段数学课中学习到的，如三角函数、幂函数等，同学们等数学课学到它们就自然理解了。（图 3−9−1）

再计算 1 年有多少个周就非常简单了，用向下取整函数即可。（图 3−9−2）

图 3−9−1

加加高兴地告诉爸爸，1 年有 52 个周。

图 3-9-2

然后又反问爸爸说："一年 52 个周之外，你知道还剩了几天吗？"

爸爸这个时候犯糊涂了，一脸茫然地看着加加。加加说："爸爸，别急，我们可以换一个函数，马上就能算出来啦。"

此时，需要用到取余数函数，被除数填写 365 或者 366，除数填写 7 就可以得到剩下的天数。（图 3-9-3）

加加爸爸感觉计算机确实特别神奇，又问加加："加加，你能让计算机随机生成 10000 到 100000 的整数吗？这个数你能知道它是单数还是双数吗？还有能知道它是否是七的倍数？"

加加不假思索："这个也很简单，可以通过两个数相除的余数是否为 0 判断被除数是否是除数的倍数。除以 2 的余数为 0 就是偶数，否则是奇数；除数是 7，余数是 0，被除数就是 7 的倍数。"

程序先创建一个变量"随机数"，通过随机数生成积木将计算机生成的随机数赋值给变量"随机数"，然后按照下面的积木进行计算就可以完成了。（图 3-9-4）

爸爸见加加很轻松就用编程解决了问题，又故意挑衅说："其实不用编程，我用计算器也一样能算出来嘛。"加加马上想到一个用计算器也不好处理的难题，问爸爸："请问 1992 个 1992 相乘的结果的十位数和个位数是多少？"

365 除以 7 的余数
1

366 除以 7 的余数
2

图 3-9-3

图 3-9-4

爸爸拿出计算器开始一个数一个数地乘，结果还没乘几个呢，计算器直接用科学计数法表示结果了，根本就不知道最后两位是多少。爸爸哭丧着脸说："你出的数太大啦，都超过计算器最大计算范围了，这怎么可能计算出来呢？"

加加兴奋地告诉爸爸："通过编程就能解决呀。"

我们写一个重复 1992 次的循环，每计算一次就让计算机把十位数以上的数扔掉，再继续乘下一个，再丢弃十位数以上的，再继续乘，这样最后剩下的结果的十位数和个位数就是 1992 个 1992 相乘的最后两位了。

爸爸挠挠头说："那怎么丢弃十位以上的数呢？"

"用求余数函数呀，一个数除以 100 的余数不就是没有十位数以上的数了嘛！"

"妙啊"爸爸恍然大悟，"那我们赶紧计算一下吧。"

加加一边给爸爸讲一边编程序。

首先我们需要建立一个变量，取名叫"结果"。我们先把变量的值设置为 1992。（图 3-9-5）

图 3-9-5

然后我们需要写一个重复执行，重复执行的次数设置成 1991，因为结果中已经有一个 1992 了，所以我们只需要再乘 1991 次即可。

在重复执行中设置"结果"为"结果"乘以 1992 然后除以 100 求余数。（图 3-9-6）

重复执行完毕后我们只需要把计算结果显示出来即可。（图 3-9-7）

图 3-9-6　　　　　　　　　　　　　　　　图 3-9-7

写完程序后计算机不到一秒钟就算出结果了，爸爸惊讶得眼镜都掉地上了，不禁感叹道："编程真是厉害呀。"（图 3-9-8）

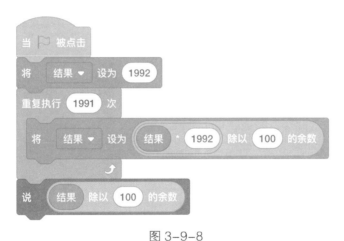

图 3-9-8

爸爸走后，加加心想，如果一个程序只能计算 1992 个 1992 相乘，功能是不是太单调了点，如果要计算 1993 个 1981 相乘，怎么办呢？

有办法了，我们可以通过"询问（）并等待"积木，让用户输入这两个数不就可以了吗？

加加于是把程序改成了如下图所示，同学们可以测试一下该程序，看运行结果是否与真实情况相符。（图 3-9-9）

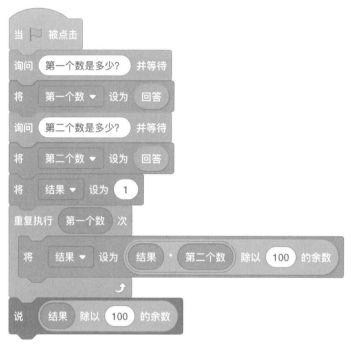

图 3-9-9

 知识要点

1. "向上取整"函数：对于两个整数之间的小数取较大的整数；"向下取整"积木就是对于两个整数之间的小数，取较小的整数。

2. "绝对值"函数：正数的绝对值是它本身，负数的绝对值是它的相反数。

3. "平方根"函数：一个数 x 的平方是 y，则 y 的平方根是绝对值 |x|。

4. 通过两个数相除的余数是否为 0，判断被除数是否是除数的倍数。

5. "四舍五入"积木可以计算一个数的四舍五入值。

6. "（ ）除以（ ）的余数"积木可以计算两个整数相除之后的余数。

 考点练习

1. 加加学完复杂的数学运算后，做了一个数学计算程序。运行下图代码，则 c 的值最大是＿＿＿＿＿＿＿。

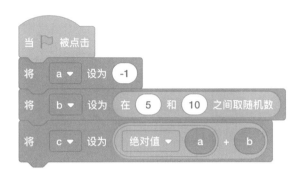

2. 角色"芭蕾舞姑娘"有 4 个造型。运行脚本，若变量"变换"值为 11，则角色应该切换到编号为（   ）的造型。

3. 运行脚本，输入 10.9，则变量"数"的值是（   ）。

A. 11　　　　　　　　　　B. 10.9

C. 10.5　　　　　　　　　D. 10

 趣味练习

一、今天星期几

今天星期三，又到了加加最爱的数学课时间，课堂上老师问："今天是周三，你们知道 1000 天后是星期几吗？"全班鸦雀无声，无一人能解出此题，老师说："不着急，这题是课后作业，我们明天公布答案。"加加回到家后绞尽脑汁地思考这道题，可是最终还是无解，同学们，你们能用我们学过的编程知识帮加加解决此类问题吗？

提示：

1. 用当前星期几加上天数的和除以 7 后留下的余数，就知道 n 天后星期几。

2. 凡是 7 的倍数除以七的余数都为 0，但没有星期 0。所以我们需要单独判断，如果除以 7 的余数为 0 时，则为周日。

二、请用程序计算 1+4+9+16+25+……+10000 的结果

提示：可以用一个变量保存计算结果，重复执行 100 次，每次把计数的变量 a 增加 1，然后把 a×a 加到结果中。

第10课　自动驾驶的红绿灯判断

自动驾驶的红绿灯判断

加加的爸爸最近想换辆新车，最近他迷上了一款新能源汽车。

爸爸说："那辆车有辅助驾驶功能，将来甚至能升级到无人驾驶，没有驾驶证也能开车了。"

听到无人驾驶，加加来了兴趣，加加心里想着，以后再想去找同学玩就可以不用爸爸开车送了，如果妈妈再因为我写作业慢发火，我就让汽车送我去姥姥家。于是赶紧问爸爸："那辆车现在能无人驾驶吗？"

"嗯……"爸爸由兴奋转为惋惜的样子，"现在还实现不了全部无人驾驶，但是它能自动判断前方的交通灯，永远不会闯红灯，老爸我再也不用担心被扣分了。"

"那如何判断应该走还是应该停呢？"加加不知道开车遵守的规则跟行人的规则有什么区别。

爸爸于是就给加加科普了一下交通灯的知识。

遇到红灯必须停下来，绿灯可以通行，这两个灯大家都知道规则。需要注意的是黄灯，黄灯是绿灯和红灯之间的缓冲时间，黄灯亮起的时候如果车已经越过停止线就继续通过，不要突然停车，突然停车一是有可能导致后车追尾，二是过线了如果停在路中间了，反而会阻碍其他车辆通行。如果还没有过线，那就应该停下，等待下次变绿灯才能通行。

"加加，你可以在程序中模拟十字路口，编写红绿灯的判断程序。"爸爸说。

"那我试试吧"加加打开电脑，开始尝试模拟红绿灯的判断。

1．从编程加加网站素材库中下载十字路口的背景上传到程序中。（图 3-10-1）

2．用画板绘制红黄绿三种灯。（图 3-10-2）

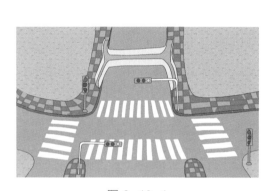

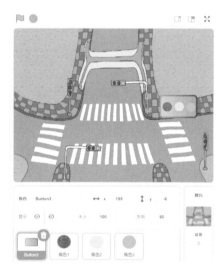

图 3-10-1　　　　　　　　　　　图 3-10-2

3．写程序控制红绿灯的亮灭。我们可以用"等待（　）秒"来控制时间，红灯亮 10 秒后变成绿灯，绿灯亮 7 秒后再闪烁 3 秒然后变成黄灯，黄灯亮 3 秒后变成红灯。我们可以采用发送广播的方式让角色 1、角色 2、角色 3 显示或隐藏，也可以用变量来传递信息。我们在一个角色的程序中改变一个变量，在另一个角色的程序中根据变量的不同来做不同的事情。本节课我们使用变量来控制。建立一个变量"红绿灯"，然后在程序中改变"红绿灯"的值。（图 3-10-3）

4．在角色 1 上只需要判断"红绿灯"变量的值来控制自己的显示或隐藏即可。（图 3-10-4）

5．其余两个交通灯的控制程序请同学们自己思考如何编写。编写完三

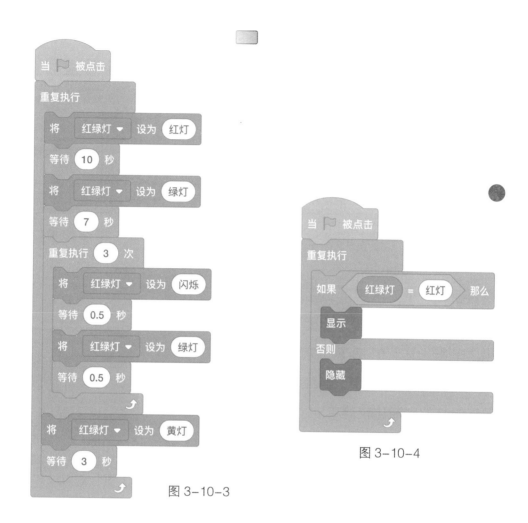

图 3-10-3

图 3-10-4

个灯的控制程序后我们应该先测试一下红绿灯能否正常工作。能正常工作后再继续下面的编程，这种测试方法叫作模块化测试。

6. 添加汽车角色到程序中，通过造型的复制和粘贴功能把驾驶员和车合并成一个角色。（图 3-10-5）

7. 车辆的控制比较复杂，需要根据红绿灯的状态实现前进或停止，我们不能一次性把完整的程序开发出来，所以先实现基础功能。在基础功能之上逐渐添加更多功能。这种开发方法叫作迭代式开发。我们先实现车辆的前进。（图 3-10-6）

8. 为了能在重复执行中实现车的前进和停止两种状态，我们需要借助

图 3-10-5

图 3-10-6

变量，新建一个"车速"变量，让车每次循环移动"车速"步。如果"车速"变量等于0，车就会停止，如果"车速"大于0，车就会前进。（图 3-10-7）

9．然后我们只需要根据红绿灯的状态改变车速即可。绿灯的判断比较简单。（图 3-10-8）

10．红灯和黄灯的判断稍微复杂，需要两个条件都满足，一个是判断是否黄灯，一个是判断车的

图 3-10-7

x 坐标大于某个值。要实现两个条件同时满足，需要积木"<>与<>"。（图 3-10-9）

"与运算"积木是要求两个条件同时满足才算作条件成立。"或运算"积木是两个条件满足其中一个即可认为条件满足。（图 3-10-10）

"非运算"， 不成立 是指如果条件不成立，则执行下面的代码。

图 3-10-8

图 3-10-9

图 3-10-10

学习了与、或、非运算积木之后，我们可以实现黄灯的通行规则了。（图3-10-11）

图 3-10-11

11. 红灯其实与黄灯的规则类似，因为交通规则改为黄灯不能闯灯之后，黄灯起的作用与红灯相似了。（图 3-10-12）

图 3-10-12

12. 将上述程序拼接到一起，就能实现基本的车辆控制了。（图 3-10-13）

13. 为了让程序更直观，我们又增加了红灯和黄灯过线之后的操作，并且添加了对话功能，让用户更直观地知道程序是如何工作的。（图 3-10-14）

14. 上面的程序能正常运行了，但是缺少车辆行驶的声音显得程序有些单调，于是我们增加了发动机引擎的声音。（图 3-10-15）

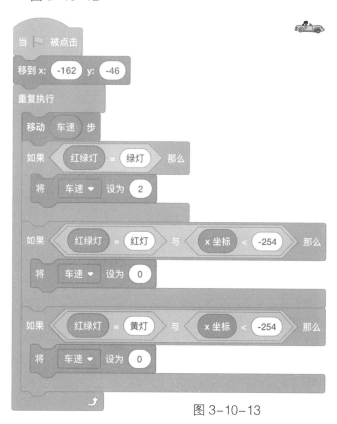

图 3-10-13

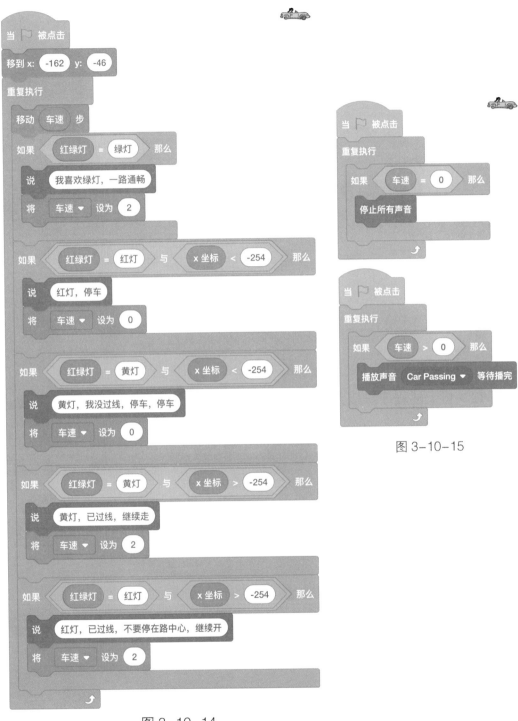

图 3-10-14

图 3-10-15

15. 至此，我们完成了车辆在红绿灯前的自动化控制。同学们可以运行自己的程序进行测试了。

程序清单：

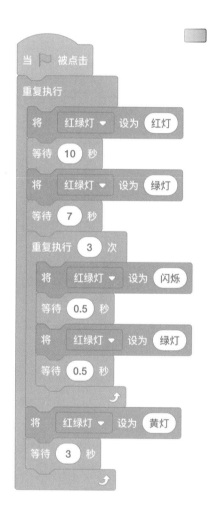

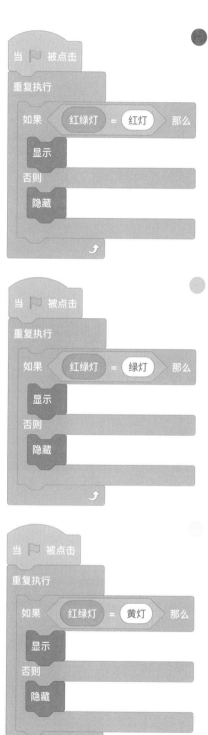

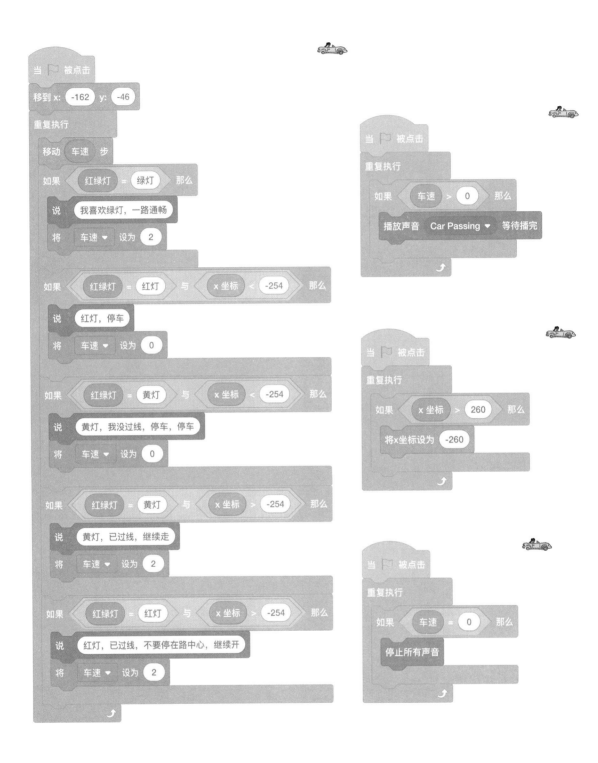

知识要点

1. 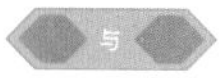

“与运算”，这个积木表示两个条件必须同时满足，缺一不可。

2. 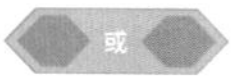

“或运算”，这个积木表示只需要满足两个条件中的其中一个即可。

3. 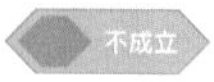

“非运算”，这个积木表示判断的内容不成立的时候就执行程序。

考点练习

1．加加做了一个成绩评优程序，运行下列代码，若“回答”的值为63，请选择用户对应的奖项（　　）。

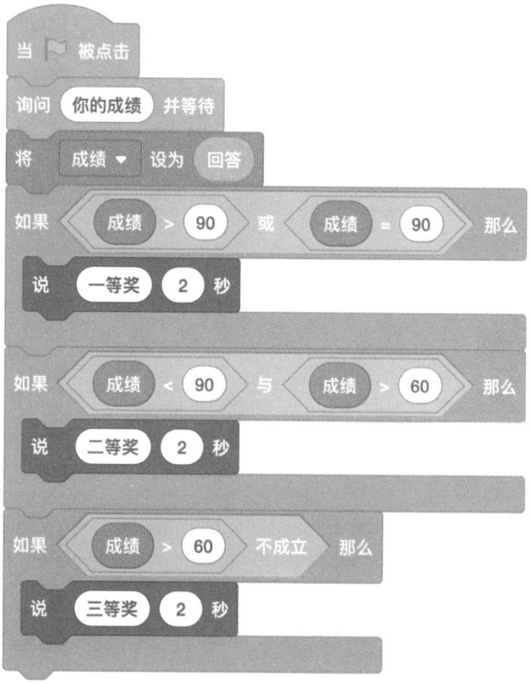

A．一等奖　　　　B．二等奖

C．三等奖　　　　D．无选项

2．运行下列积木，则输出的 b 的值为（　　）。

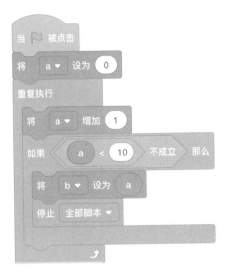

A．11　　　　　　　B．10

C．12　　　　　　　D．9

3．下面程序要实现，如果变量"成绩"的值在 90 到 100 的范围内，则对话显示"成绩优秀"，下列脚本中，"？"应补充的积木是（　　）。

A. 分数 > 90 或 分数 = 90 与 分数 < 100 或 分数 = 100

B. 分数 > 90 或 分数 = 90 或 分数 < 100 或 分数 = 100

C. 分数 < 90 或 分数 = 90 与 分数 > 100 或 分数 = 100

D. 分数 < 90 或 分数 = 90 或 分数 > 100 或 分数 = 100

趣味练习

一、出租车计价器

爸爸带着加加坐出租车去动物园，加加发现每次出行车费都不一样，便好奇地向爸爸提问："爸爸，出租车是怎么收费的啊？"爸爸说："每个地区出租车收费都不一样，咱这儿的出租车起步价是9元，三公里以内都是9元，超过3公里少于6公里为1.5元/公里，6

公里以上2.25元/公里。"加加灵机一动，说："回家后我要做一个出租车计价程序。"同学们，咱们来帮加加做一个出租车计价器吧。

题目要求：在素材库网站中搜索"公路"下载并导入做背景，添加车做角色，公路向后退，呈现汽车向前走的状态，当车被点击时，用户输入行驶公里数，弹出相对应的价格。

提示：

1. 三公里内的收费。

新建两个变量分别为"行驶公里数"与"应付金额"，判断三公里内（包括三公里）支付起步价9元。

2. 超过三公里且小于六公里，我们分为两部分进行收取，第一部分是三公里内的起步价9元，第二部分是超过三公里且小于六公里，需要用总公里数减去起步价内的三公里，再乘以超过三公里的每公里单价 1.5 元 / 公里。最后将两部分相加。

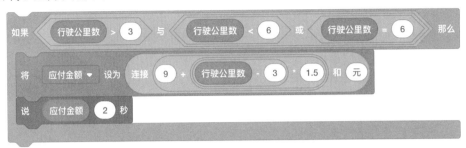

3．超过六公里的收费，我们分为三部分进行收取，第一部分是三公里内的起步价 9 元；第二部分是超过三公里且小于六公里的 4.5 元；第三部分是超过六公里，需要用总公里数减去六公里，再用减后所得公里数乘以 2.25 元 / 公里，就是第三部分的收费。最后将三部分相加即可得到总费用。

二、方向的判断

加加在学校学习了方向的判断，上北下南左西右东，表示方位时分为正东、正西、正南、正北、东北、西北、东南、西南，为了让同学们更形象地理解方位，加加决定开发一个程序。在程序中一位交警叔叔站在十字路口的

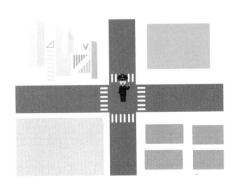

正中心，当一辆车开到某个位置后程序会提示出车位于交警的哪个方向。

提示：从编程加加网站上下载相关素材，组合成如图场景。添加一部汽车，写程序控制车辆的移动。点击按钮时让交警说出车在自己的什么方位。

车辆移动时我们可以用两个变量来保存车的 x 坐标和 y 坐标，这样便于在其他角色的程序中轻松知道车的坐标。

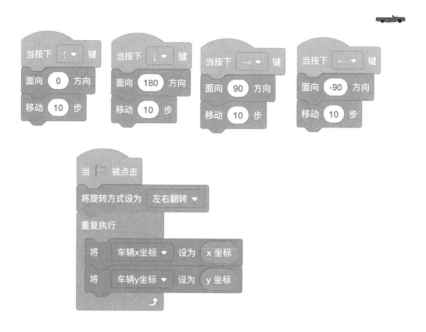

判断车辆的方位可以参考如下代码：

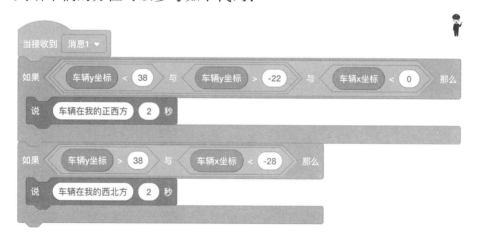

上面程序中判断如果车在交警左边的路面上，交警说车辆在我的正西方，如果车没有在路面上，在交警的左上方空地上，交警就说车辆在我的西北方。其他方向请同学们自行补充。

第11课　石头剪刀布

数学课下课后，课间班里几个男生围在一起，加加好奇地凑过去。一看才知道，他们在玩剪刀石头布，输了的同学需要给赢了的同学一张奥特曼的卡片。

但是有的同学经常要赖，出拳比别人慢半拍，他看到人家出的拳之后才出，这样每次都能赢，搞得大家很不高兴。

于是班长找到加加，问加加能不能给大家写一个猜拳的程序，让计算机随机出石头剪刀布，这样就能保证公平了。

接到任务的加加肩负着大家的期望开始了程序设计。

程序概要设计：

1. 开始游戏后程序询问猜拳双方同学的姓名，并保存在变量中。

2. 程序中放两张表情图片代表猜拳双方。

3. 场景中有两只手，点击第一只手后开始随机变换造型，在石头、剪刀、布之间快速变换，再次点击这只手时停止变换，保持最终的出拳状态。

4. 然后点击另一只手也做同样的操作。

5. 第二只手出拳完毕后，程序给出判定，说出哪位同学赢了。

6. 赢了的一方放礼花庆祝，表情变为高兴，输了的一方脸变绿，变成哭泣的表情。

程序的设计方案得到了全体同学的一致称赞，于是加加开始按照要求准备素材、编写程序。

1. 先设计一下背景和角色，从编程加加网站下载所需的石头、剪刀、布造型，上传到一个角色中，使该角色具有3个造型。（图3-11-1）

造型的名称直接命名为石头、剪刀、布，后面我们用程序获取角色造型

图 3-11-1

图 3-11-2

时会很方便。

2. 另一只手想要实现水平对称，可以在"将旋转方式设为左右翻转"积木上点击一下，然后把角色的方向改成"-90"即可。（图 3-11-2）

3. 为左边的手添加程序，当角色被点击时，先做一下判断，如果是第一次点击，我们让造型一直变化，如果是第二次点击，则停止该脚本。为了记住用户是第几次点击，我们需要设置一个变量，每点击一次，让变量增加1，我们来判断变量如果是奇数，就认为是第一次点击，如果是偶数就认为是第二次点击。（图 3-11-3）

注意，这里我们选择这个变量仅适用于当前角色。如果选择"适用于所有角色"，这个变量可以在整个游戏的所有角色中使用，这种变量叫作全局变量。如果选择"仅适用于当前角色"，则该变量仅在该角色中使用，这种

图 3-11-3

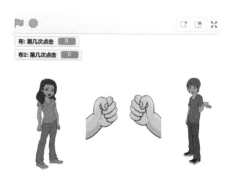

图 3-11-4

变量叫作局部变量。从变量的名称也可以看出区别。变量名称前面标明了这是哪个角色的变量。（图 3-11-4）

程序如下（图 3-11-5）：

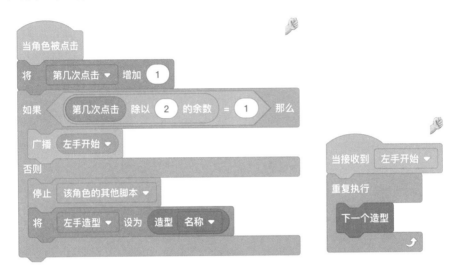

图 3-11-5

大家可以仿照左手的程序写一下右手的程序。

4. 现在两只手都会出拳了，我们需要找一个裁判来公布结果了。当右边手第二次被点击时，我们发送一个"开始裁判"的广播。（图 3-11-6）

图 3-11-6

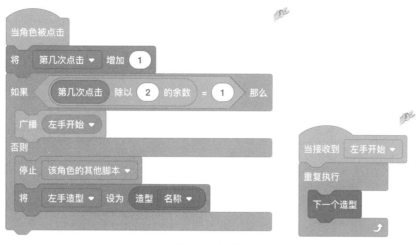

图 3-11-7

5. 增加一个裁判角色，并在裁判角色上接收广播，收到广播后根据左手的造型和右手的造型进行判断，问题来了，裁判的程序中无法获得左手和右手的当前造型。为了解决这个问题，我们考虑用全局变量来保存左右手的造型，这样就能在任何角色的程序中访问这两个变量了。（图 3-11-7、图 3-11-8）

图 3-11-8

6. 接下来就是根据两只手的造型判断谁赢了。这里我们可以采用条件判断的嵌套，如图 3-11-9 所示。

如果两只手的造型相同，则是平局，只用一个"如果＜＞那么"就可以判断了。其他情况则需要根据左手和右手的状态分别判断。同学们可以根据上面一段程序自己写出来当左手造型是剪刀和布的程序。

7. 完成了逻辑判断后，我们需要让裁判根据输赢面向左方或右方。（图 3-11-10）

8. 接下来我们再用"侦测"分类下的"询问（）并等待"积木，实现两位同学名字的输入。（图 3-11-11）

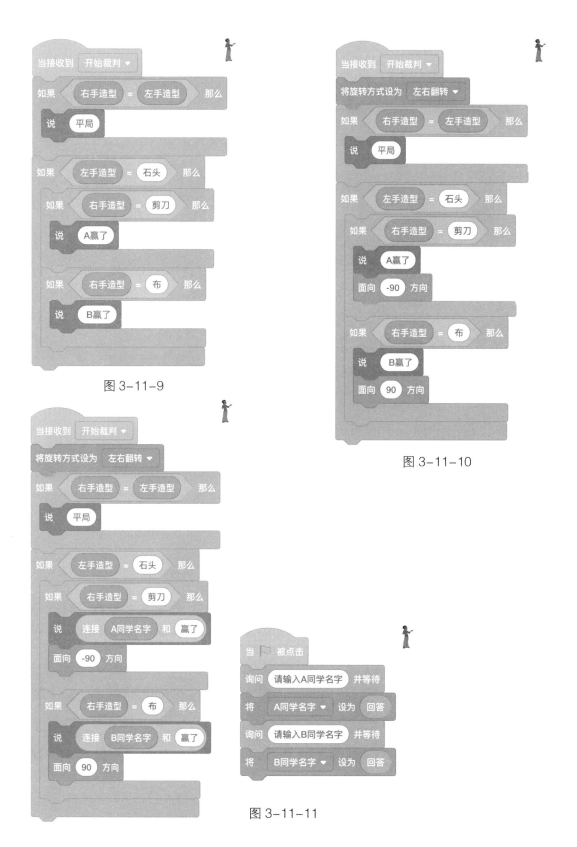

图 3-11-9

图 3-11-10

图 3-11-11

9. 程序基本功能已经完成了，同学们可以根据自己的需求添加笑脸和哭脸的表情，放礼花和声音特效等。更多素材请到编程加加网站上进行搜索。

程序清单：

当接收到 开始裁判 ▼

将旋转方式设为 左右翻转 ▼

如果 右手造型 = 左手造型 那么
　说 平局

如果 左手造型 = 石头 那么
　如果 右手造型 = 剪刀 那么
　　说 连接 A同学名字 和 赢了
　　面向 -90 方向

　如果 右手造型 = 布 那么
　　说 连接 B同学名字 和 赢了
　　面向 90 方向

如果 左手造型 = 剪刀 那么
　如果 右手造型 = 布 那么
　　说 连接 A同学名字 和 赢了

　如果 右手造型 = 石头 那么
　　说 连接 B同学名字 和 赢了

如果 左手造型 = 布 那么
　如果 右手造型 = 石头 那么
　　说 连接 A同学名字 和 赢了

　如果 右手造型 = 剪刀 那么
　　说 连接 B同学名字 和 赢了

当 🏁 被点击
询问 请输入A同学名字 并等待
将 A同学名字 ▼ 设为 回答
询问 请输入B同学名字 并等待
将 B同学名字 ▼ 设为 回答

知识要点

1. "如果 < > 那么"积木能嵌套使用，用于多分支条件判断。

2. "（）除以（）的余数"积木，通过整数除以 2 的余数为 0 或 1，判断是偶数或奇数。

考点练习

1. 角色"蝴蝶"有 3 个造型。运行脚本，若变量"变换次数"值为 29，则角色应该切换到编号为_____的造型。

2. 运行下图代码，请输出下列变量得分的值_____。

3. 三月五日是学习雷锋纪念日，老师鼓励同学们在这个月参加志愿者活动，并给予盲盒笔奖励。奖励规则如下图脚本所示，"Dani"这个月参加了 7 次志愿者活动，则"盲盒笔"的数量是（   ）。

A. 1 支

B. 4 支

C. 6 支

D. 3 支

 趣味练习

一、BMI 身体质量指数计算器

　　怎么判断一个人是否属于肥胖呢？目前，通用标准是参照身体质量指数（BMI），BMI 值的正常范围为 18.5—23.9，小于 18.5 体重过轻，24—27.9 属于超重，当 BMI 值超过 28 就属于肥胖了。小朋友们，你们也来做一个 BMI 身体肥胖计算器吧。

　　题目要求：选择喜欢的角色与背景，当角色被点击时，询问用户的身高

与体重，用变量存储，通过计算 BMI 值来判断用户的体质，BMI 值计算公式：
BMI 值 = 体重（kg）÷ 身高（m）÷ 身高（m）。

提示：

1. 计算用户的 BMI 值，需要先新建三个变量：身高、体重、BMI 值，
点击角色询问用户身高、体重值后用变量存储，用体重除以身高再除以身高
即可得出 BMI 值。

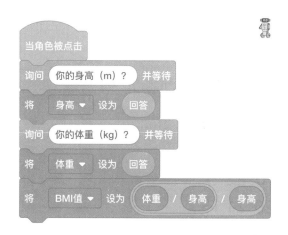

2. 判断用户体质，需要用到我们本节课学的多条件分支。

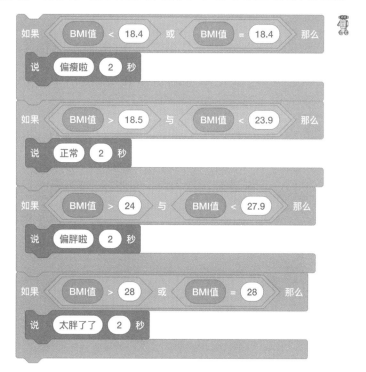

二、舒尔特，锻炼大脑记忆的数字牌

学校大课间休息，加加想做一个和智力相关的游戏，突然想到一个记忆数字的舒尔特游戏，加加自信这个可以体现自己的优势。同学们，我们来做一个舒尔特方格，一起来比试比试吧！

题目要求：挑选喜欢的背景，绘制一个正方形，正方形上绘制二十五个相同的格子，点击"开始"按钮时，格子上随机显示 1 至 25 的数字，显示几秒后隐藏，弹出随机一个数字，用户指出其对应位置，数字值相同回答正确，否则回答错误，答对个数多者获胜。

提示：

1. 制作舒尔特表格，先搜索表格背景，利用画板截取 5*5 的表格，复制粘贴到角色中，绘制 1 至 25 的数字随机排在 25 宫格中，并为每一个数字添加一个空白按钮。

2. 让小机器人出题，我们需要先新建两个变量保存题目，以及用户的答案，小机器人被点击时，需要让卡牌切换到按钮的造型，卡牌被点击时切换到数字造型，并判断正误。

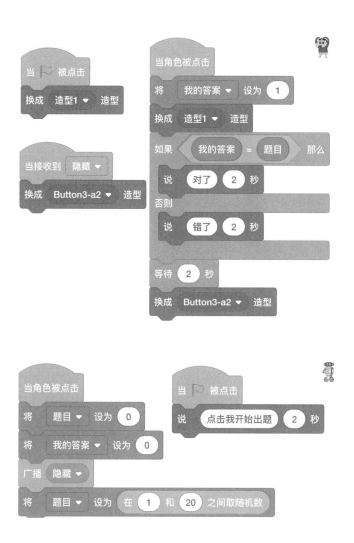

第四单元
列表和字符串

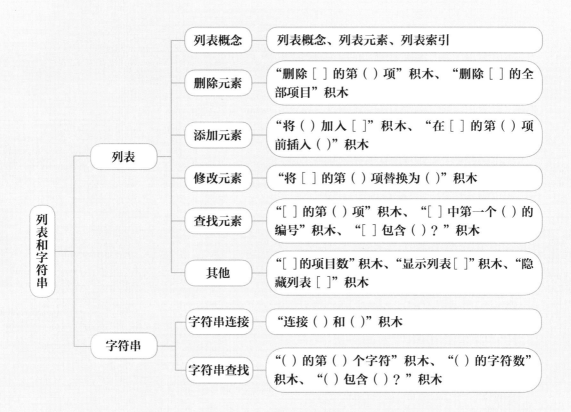

列表概念　列表概念、列表元素、列表索引

删除元素　"删除［］的第（）项"积木、"删除［］的全部项目"积木

添加元素　"将（）加入［］"积木、"在［］的第（）项前插入（）"积木

修改元素　"将［］的第（）项替换为（）"积木

查找元素　"［］的第（）项"积木、"［］中第一个（）的编号"积木、"［］包含（）？"积木

其他　　　"［］的项目数"积木、"显示列表［］"积木、"隐藏列表［］"积木

列表

字符串连接　"连接（）和（）"积木

字符串查找　"（）的第（）个字符"积木、"（）的字符数"积木、"（）包含（）？"积木

字符串

列表和字符串

第 12 课　打字练习

加加跟同桌上计算机课的时候，同桌提出来要比打字速度，加加说："我可以不看键盘一分钟盲打 60 个字。"说完就在键盘上快速地敲完了电脑上的内容。同桌看呆了。加加说可以使用打字练习的软件练习打字。我们写个程序来帮同学们锻炼打字速度吧。

图 4-12-1

题目要求：选择背景与角色，当程序开始，舞台区显示一行文字与一个输入框，当输入的汉字与出的题目一样时，说"正确"，否则说"错误"。（图 4-12-1）

我们需要找一个"容器"把我们所有要打的字存起来，那么用什么来保存这么多值呢？有的同学会想到用变量，想法很不错，但是变量只用来存储单一的数值，几十个词语就需要几十个变量，用起来很不方便，为了解决这个问题，就需要用到列表，那么，什么是列表呢？

列表是一种数据类型，可以存放很多数据，这些数据是按顺序排列的，我们可以形象地把列表看作一列玩具火车，每节车厢都能保存一个变量，而且不用为每节车厢起名字，只需用车厢号来区别即可，火车车厢数量随时可以增加或减少，每节车厢的数据随时都可以修改。

我们知道什么是列表了，那么怎么把汉字存进去呢？存进去以后怎么调用呢？

1. 点击 ● 找到"建立一个列表"的图标，为列表起一个名字，点击确

图 4-12-2

认后会出现一个空列表。（图 4-12-2）

点击小加号给空列表添加元素，并给元素赋值，接下来我们就需要调用列表中的元素了，我们需要用到积木"汉字▼ 的第 1 项"，这个积木是调用列表中的第几项，我们需要用到随机数积木在 ○ 和 ○ 之间取随机数，在参数处写上列表的起始值和末尾值汉字▼ 的第 在 ○ 和 ○ 之间取随机数 项，这样就可以调用列表中的随机项了，再新建一个变量记住我们每一次调用的元素，设置变量的值为列表中的随机项 将 要打的字 设为 汉字▼ 的第 在 ○ 和 ○ 之间取随机数 项。

2. 我们结合之前学过的询问并等待与条件判断就可以做一个简单的打字练习了。（图 4-12-3）

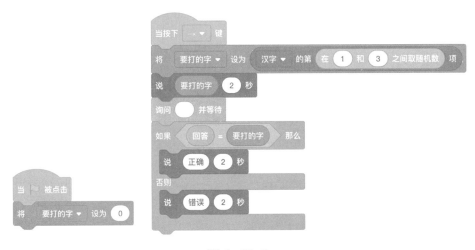

图 4-12-3

3. 每次运行程序只能输入一个词语程序就结束了，而且没有打分、没有时间限制，程序的趣味性太低了。同学们编写程序的时候一定要注意提升程序的趣味性。

我们可以连续让用户输入 10 组词，如果输入错误了就扣 1 分，如果输入正确了就增加 1 分。并且我们要为程序增加奖励，如果在 60 秒内完成了 10 组词的输入，最终分数就获得 10 分奖励，如果在 2 分钟内完成，则奖励 5 分，

图 4-12-4

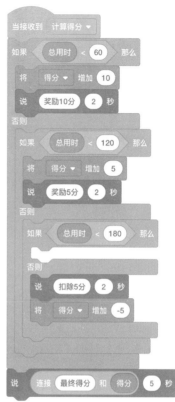

图 4-12-5

如果在 3 分钟内完成，不能获得奖励，如果超过 3 分钟，则惩罚 5 分。

　　为了给程序计时，我们需要用到"侦测"分类下的"计时器"，该变量会在程序开始后记录程序运行的总时长。

　　为了能重复 10 次询问和输入，我们可以采用"重复执行（）次"积木。为了记录得分，我们需要增加"得分"变量，并且在输入完毕后进行加分或减分操作。重复执行 10 次之后我们发送一个计算得分的广播，来启动计算得分的程序。（图 4-12-4）

　　4. 打字完成后用变量来存储该时间即可知道用户总用时多少，然后我们根据时间来计算应该给用户增加多少分。（图 4-12-5）

程序清单：

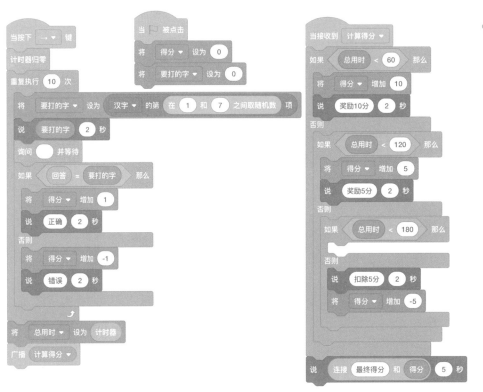

程序运行效果：

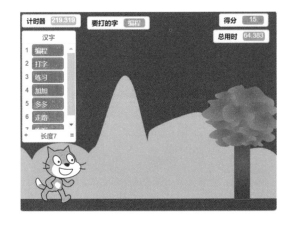

知识要点

1. 列表是一种数据类型，可以存放很多数据，这些数据是按顺序排列的，列表的每个数据称为元素。

2. 列表中的每个元素都有一个唯一编号，也叫"索引"。

3. 如果想要调用列表中的元素，可以用元素的编号来获取，用积木

。

 考点练习

1. 列表"地名"的内容如下图，运行下列代码，变量"想去的地方"的值为（　　）。

A．北京　　　　　　　　　　B．上海

C．杭州　　　　　　　　　　D．济南

2. 运行下列代码，变量"天气"不可能出现的值是（　　）。

A．雨天　　　　　　　　　　B．下冰雹

C．刮风　　　　　　　　　　D．雪天

3. 已知"成语接龙"的脚本如下，则"？"处应该填写的是_____。

 # 趣味练习

一、英语单词背诵

又快到期末了，加加老记不住英语单词，想编写一个软件来帮助记忆，同时也能提高打字速度。同学们，来帮加加编写一个记单词的软件吧。

题目要求：选择背景与角色，当角色被点击时，舞台区显示一个英语单词的汉语意思与一个对话框，用户在对话框输入对应的英语单词，正确说"对了"，否则说"错了"。

提示：

1. 新建两个列表分别存储单词与对应的汉语意思。

2.新建变量序号,让角色按着列表中的单词顺序来出题,当开始被点击时,序号为 0,角色每点击一次,序号增加 1。

3.新建列表题目,设置值为列表中的序号项,并弹出对话框让用户输入。

4.判断用户输入的答案与题目的英语单词是否一致,如果正确说"对了",否则说"错了",并告诉用户正确答案。

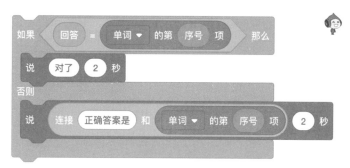

第 13 课　真心话大冒险

数学课上，老师正在讲解重点，但是看着课堂上打瞌睡的同学们，非常苦恼。为了调动课堂气氛，老师决定跟同学们做真心话大冒险的游戏，边学习边游戏让同学们活跃起来。大家一起做题，如果哪个同学做错了，就需要接受惩罚。请同学们帮助数学老师写一个真心话大冒险的程序吧。

图 4-13-1

题目要求：选择背景与角色，当点击其中一个角色时随意弹出一个小挑战来。（图 4-13-1）

上节课我们学习了列表，我们利用列表知识来做一下真心话大冒险吧。

首先新建两个列表存储我们的挑战内容，（图 4-13-2）当点击真心话角色时，弹出真心话中的随机一项，点击大冒险角色时，弹出大冒险中的随机一项。（图 4-13-3）

图 4-13-2

图 4-13-3

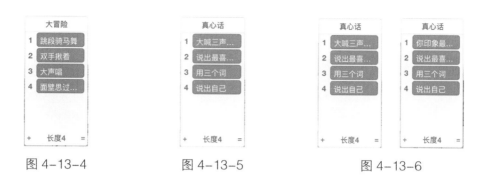

图 4-13-4　　　　　　图 4-13-5　　　　　　图 4-13-6

我们简易版的真心话大冒险就做完了，可是如果我们有了新的挑战或者列表中已有的挑战不想要了怎么办呢？这就是我们这节课需要学习的内容。

列表中添加元素有两个积木：

1. 列表末尾添加新元素，我们需要用到积木 将 面壁思过1分钟 加入 大冒险 ▼ ，我们可以看到，列表末尾新增了一项，如图 4-13-4 所示。

2. 向列表内任意指定位置插入元素，我们需要用到 在 真心话 ▼ 的第 1 项前插入 大喊三声我最牛 ，我们可以看到列表的第一项前多了一项，如图 4-13-5 所示。

修改列表中的元素，需要积木 将 真心话、 ▼ 的第 1 项替换为 你印象最深刻的事情 ，被替换了新的元素的列表如图 4-13-6 所示。

查找统计有四个积木：

1. 大冒险 ▼ 的第 1 项 已知列表的项数查找其对应的元素，此积木可帮我们找到我们想要的元素。

2. 大冒险 ▼ 中第一个 东西 的编号 列表中有多个重复的元素，查找多个重复元素中第一个元素的编号，此积木可快速帮我们找到元素对应的编号。

3. 如果编号与元素都未知，我们可以用 大冒险 ▼ 包含 感情 朗读课文 ？ 结合条件判断去查找列表中是否存在此元素。

4. 大冒险 ▼ 的项目数 此积木可以帮我们查找列表的元素个数。

删除列表元素有两个积木：

1. 删除 大冒险 ▼ 的第 1 项 删除列表的某一个特定元素，此积木可帮我们删除列表中的元素，如图 4-13-7 所示。

2. 删除 大冒险 ▼ 的全部项目 删除列表的全部元素，变成空列表，删除后的列表如

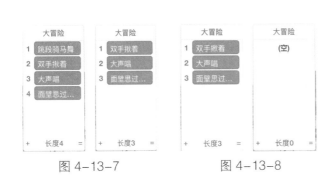

图 4-13-7　　　　　　　　　　图 4-13-8

图 4-13-9

图 4-13-8 所示。

列表的增删改查我们已经学习完了，快动手修改自己的真心话大冒险程序，让它更有意思吧。

修改程序界面，添加四个按钮，"添加""修改""删除""查看"，默认隐藏。再添加一个"系统设置"按钮，当点击"系统设置"按钮时切换显示或隐藏上述四个按钮。（图 4-13-9、图 4-13-10）

我们灵活地运用变量来判断是否应该显示四个按钮，当变量"是否显示四个按钮"为 1 时广播"显示按钮"消息，同时将变量设置为 0，这样就能实现点击一次显示四个按钮，再次点击时隐藏四个按钮。四个按钮只需要根据接收的消息显示或隐藏自己即可。（图 4-13-11）

当用户点击"添加"按钮时，我们应该询问用户要添加"真心话"还是"大冒险"，然后询问用户要添加什么内容。根据用户的回答，向"真心话"或"大冒险"列表插入适当的数据。（图 4-13-12）

如果用户点击了"查看"按钮，我们就需要把两个列表的内容显示出来，隐藏和显示列表的程序与上述隐藏或显示四个按钮的程序相似。（图 4-13-13）

当用户点击"修改"按钮时，我们需要先询问用户要修改第几项,然后进行修改。

图 4-13-10

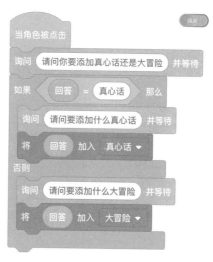

图 4-13-12

图 4-13-11

图 4-13-13

图 4-13-14

（图 4-13-14）

　　删除列表中已经存在项的程序与修改功能类似，请同学们动动脑筋，试试看能不能自己写出来呢？

接下来还有一件重要的事情要做，因为我们对列表元素进行增删改查之后，列表的长度发生了改变，之前我们写的"在 1 和 3 之间取随机数"就不适用了，需要改成根据列表长度生成随机数。（图 4-13-15）

图 4-13-15

程序的基本功能完成了，接下来同学们可以发挥自己的创造力，加入各种音效或特效，让程序更加有趣。

程序清单：

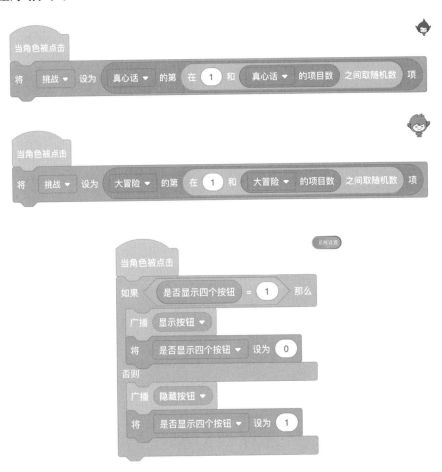

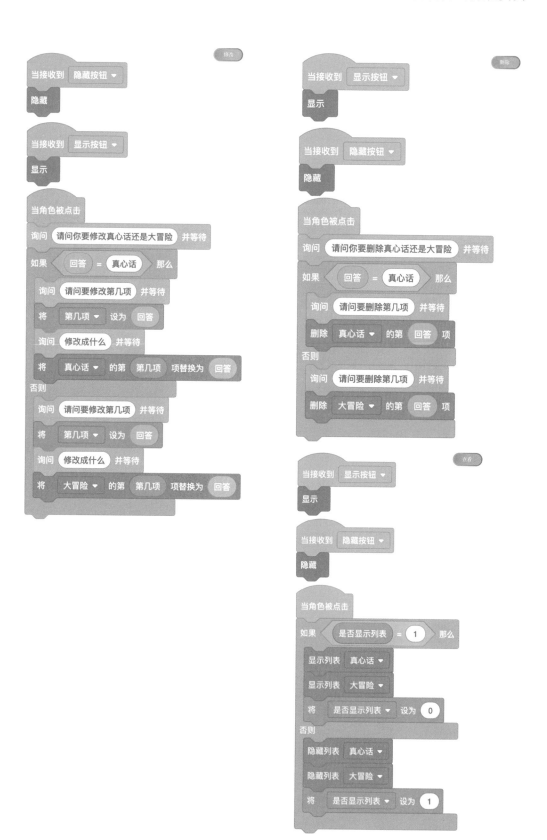

 知识要点

1. 向列表中增加新元素有两种方法：

　　将 东西 加入 图书 ：向列表末尾添加新元素。

　　在 图书 的第 1 项前插入 东西 ：向列表指定位置添加元素。

2. 修改列表中的元素 将 图书 的第 1 项替换为 东西 ：我们可以通过元素的替换，将列表中已有的元素修改成新元素。

3. 列表的查找统计有四种方法：

　　图书 的第 1 项 ：根据编号查找列表元素内容。

　　图书 中第一个 东西 的编号 ：根据元素找列表中第一次出现该元素的编号。

　　图书 的项目数 ：统计列表中元素个数。

　　图书 包含 东西 ？ ：判断列表中是否包含某个元素。

4. 列表的删除有两种方法：

　　删除 图书 的第 1 项 ：删除列表的指定编号的元素。

　　删除 图书 的全部项目 ：删除列表全部元素。

考点练习

1. 如图所示，列表"科目"的初始值为"语文""英语""数学""体育"。运行下图脚本，则变量"第一节课"的值为（ ）。

A. 语文   B. 数学

C. 体育   D. 英语

2. 运行下列代码，变量"完整句子"的内容为＿＿＿＿＿＿＿＿＿。

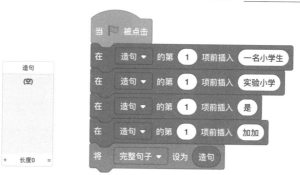

3. 列表"数据1"的初始值如下图所示。使用下图脚本对其进行处理，则对话内容是（ ）。

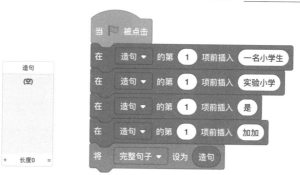

A. 3　　　　　　　　　　　B. 4

C. 0　　　　　　　　　　　D. 6

 趣味练习

一、无人售货机

加加上完自习课回家，非常口渴，但是这时候已经很晚了，学校的小卖部也都关门了。看着关着门的小卖部，加加心想，要是能做一个无人售货机的程序就好了。同学们来帮加加写一个这样的程序吧！

题目要求：选择背景与角色，在列表中保存商品的名称、价格，然后问用户要买什么商品，输出该商品的价格。

提示：

1. 新建变量存储商品序号，用列表存储食品名称及食品价格。

2. 设置商品序号为1，询问用户需要的食品。

3. 判断列表哪一项元素与用户所需食品一样，如果列表中没有用户需要的食品，则重新询问。

二、个人记账本

学校小卖部一直开着门，人也是络绎不绝，虽然很方便，但是账单非常零碎，店员又没有经验，常常会遗漏或者算错，非常苦恼。同学们来帮这位店员做个账本吧！

题目要求：选择背景与角色，新建空列表存储用户每一次输入的项目与钱数。并且具备查询功能，能查看或隐藏账单。

提示：询问用户项目及金额，并将其存在记账本中。

第14课　自动浇水机器人

妈妈在阳台种了很多不同的花，花开的时候又漂亮又香气四溢。但是每种花对水分的要求都不同，如果浇水太多了反而会造成花枯萎，妈妈为这个问题伤透了脑筋，最后不得不在一个小本子上记下每种花的浇水要求，每天都要按照本子上记录的要求来浇水。见到加加学习编程序，妈妈问加加能不能开发一个程序指挥机

图 4-14-1

器人根据土壤的湿度自动浇水。加加想了想说，我们可以先用程序模拟一下浇水机器人的工作逻辑，等程序运行正常了再想办法制造这台机器人。

1. 我们先设计一下场景。（图 4-14-1）

选择三个花盆，每个花盆里放上不同的植物。

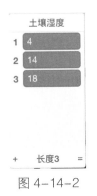

图 4-14-2

2. 为了模拟花盆的土逐渐变干，我们需要建立一个列表，添加三个数据，分别存储三个花盆的土壤湿度。然后用程序控制水分逐渐流失。（图 4-14-2、图 4-14-3）

上述程序中我们用一个"重复执行（　）次"积木来遍历列表。每重复执行一次让变量"计数器"增加 1，因为只有三盆花，所以当"计数器"大于 3 时，我们需要重新将计数器设置为 1。每隔 3 秒钟让土壤湿度减少 1。

3. 然后我们需要给花写程序，当花盆中的水太少或太多时，让花变成枯萎的造型。为了存储三种花不同的用水量，我们用三个列表，分别存储三

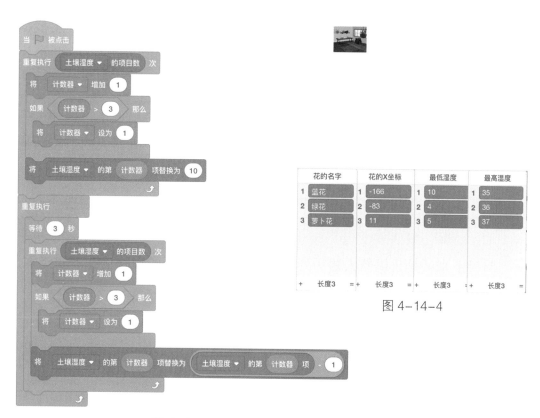

花的名字		花的X坐标		最低湿度		最高湿度	
1	蓝花	1	-166	1	10	1	35
2	绿花	2	-83	2	4	2	36
3	萝卜花	3	11	3	5	3	37
+	长度3	+	长度3	+	长度3	+	长度3

图 4-14-4

图 4-14-3

种花的名称、花的位置、最低湿度和最高湿度。（图 4-14-4）

在花上写程序，根据当前湿度和要求湿度控制花的造型。（图 4-14-5）

其余两盆花的控制请同学们根据上述程序自行完成。

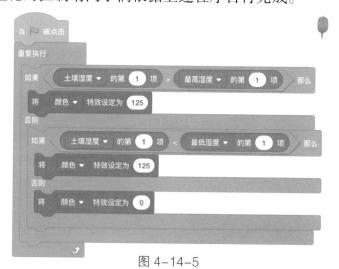

图 4-14-5

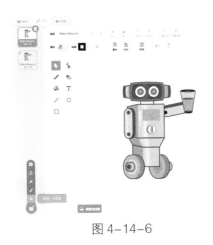

图 4-14-6

4．试运行一下，看看花是否能根据水量变换造型。如果可以变换了，我们继续写机器人的控制程序。我们需要设计一个手里拿杯子的机器人。（图 4-14-6）

我们可以选中一个机器人的造型后通过添加造型的方法将杯子融合到机器人造型上。然后改变杯子的造型，制造一个空的杯子。（图 4-14-7）

5．接下来就是让机器人遍历列表"土壤湿度"，如果发现哪盆花需要浇水，就说我需要给这盆花浇水了。（图 4-14-8）

图 4-14-7

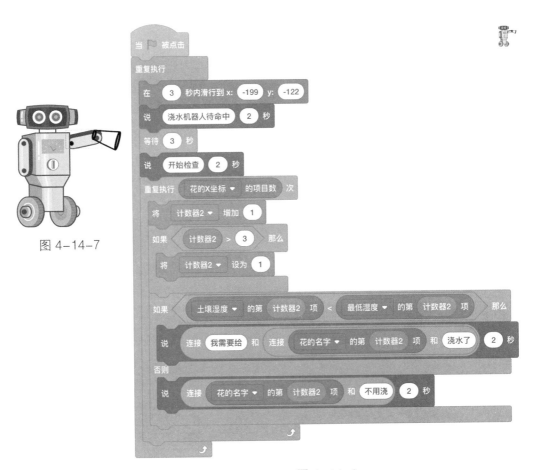

图 4-14-8

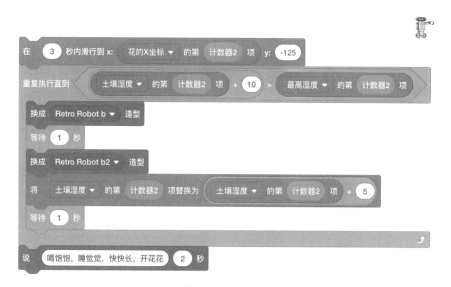

图 4-14-9

6. 说完需要浇水后，我们需要控制机器人给花浇水。先让机器人走到需要浇水的花跟前，然后控制机器人改变造型，给花浇水。如果每次只浇一杯水，会造成机器人频繁走动，不停地浇水，所以我们用一个"重复执行直到＜＞"积木，让机器人一直浇水直到快浇到最高湿度。（图 4-14-9）

由于程序太长，我们只展现了浇水的控制程序，将上述程序插入适当位置，机器人即可工作。

7. 完成了基本的程序控制，现在同学们可以发挥创意，增加更多效果了。比如增加音效、增加植物逐渐长大的效果等。

程序清单：

当 ▶ 被点击

重复执行
　在 3 秒内滑行到 x: -199 y: -122
　说 浇水机器人待命中 2 秒
　等待 3 秒
　说 开始检查 2 秒
　重复执行 花的X坐标 ▾ 的项目数 次
　　将 计数器2 ▾ 增加 1
　　如果 计数器2 > 3 那么
　　　将 计数器2 ▾ 设为 1

　　如果 土壤湿度 ▾ 的第 计数器2 项 < 最低湿度 ▾ 的第 计数器2 项 那么
　　　说 连接 我需要给 和 连接 花的名字 ▾ 的第 计数器2 项 和 浇水了 2 秒
　　　在 3 秒内滑行到 x: 花的X坐标 ▾ 的第 计数器2 项 y: -125
　　　重复执行直到 土壤湿度 ▾ 的第 计数器2 项 + 10 > 最高湿度 ▾ 的第 计数器2 项
　　　　换成 Retro Robot b ▾ 造型
　　　　等待 1 秒
　　　　换成 Retro Robot b2 ▾ 造型
　　　　将 土壤湿度 ▾ 的第 计数器2 项替换为 土壤湿度 ▾ 的第 计数器2 项 + 5
　　　　等待 1 秒
　　　说 喝饱饱，睡觉觉，快快长，开花花 2 秒
　　否则
　　　说 连接 花的名字 ▾ 的第 计数器2 项 和 不用浇 2 秒

当 ▶ 被点击

重复执行
　如果 土壤湿度 ▾ 的第 1 项 > 最高湿度 ▾ 的第 1 项 那么
　　将 颜色 ▾ 特效设定为 125
　否则
　　如果 土壤湿度 ▾ 的第 1 项 < 最低湿度 ▾ 的第 1 项 那么
　　　将 颜色 ▾ 特效设定为 125
　　否则
　　　将 颜色 ▾ 特效设定为 0

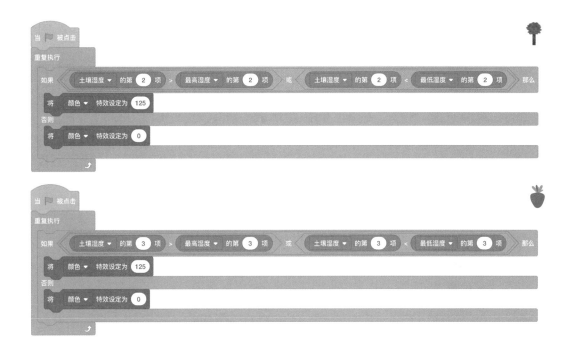

运行效果：

 知识要点

1. 遍历列表，就是将列表中所有元素都读取一次。

2. 遍历列表的方法："[ ] 的项目数"和"重复执行（ ）次"积木一起使用，可以遍历列表。

考点练习

1. 如图所示，列表"水果"的初始值为"西瓜""苹果""香蕉""橘子"。运行下列脚本，则对话框的内容是（　　）。

 A．香蕉   B．苹果

 C．葡萄   D．橘子

2. 列表"四大发明"的初始值如图所示。运行下列脚本，新建对话框输出的是（　　）。

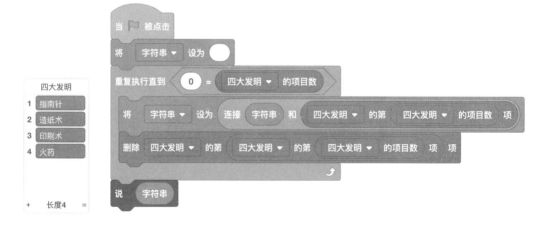

 A．火药

 B．指南针

 C．火药、印刷术、造纸术、指南针

 D．指南针、造纸术、印刷术、火药

趣味练习

随机搭配

加加看过一个关于牛顿的故事：一次，在书房中，牛顿一边思考着问题，一边煮鸡蛋。苦苦的思索使他痴迷。锅里的水沸腾了，牛顿发现鸡蛋还在桌子上，赶忙掀锅一看，原来他把自己的怀表当成鸡蛋煮

了。很多科学家忘我工作的时候，生活的事情经常"做错"，太有意思了。

加加灵感突然来了，正好刚学习了列表的知识。如果让计算机故意"出错"，会是什么效果呢？加加说干就干。

提示：第一步，创建3个列表：姓名、地点、做事情。目的是随机从3个列表中选一个元素，然后拼接起来合成一句话。

第二步，从列表中随机取一个元素，将分别取出来的元素搭配成一句话。

第三步，用连接积木，把列表随机生成的元素连接起来。

创建一个随机搭配变量，将随机生成的元素赋值给此变量。

大家可以看到，点击角色就能生成特别好玩的"词语乱搭配"。

第 15 课　汇率计算器

我们已经学了很多数学计算，可以加、减、乘、除，可以取整、取余以及四舍五入。计算机中，除了数学运算操作以外，我们经常还需要对一段文字进行操作，这就是字符串操作，什么是字符串呢？

字符串简单来说，就是一串字符，每一个文字、数字以及符号，甚至包括空格，都算是一个字符。这些字符组合在一起，就组成了字符串。

字符串积木看似简单，却有很多妙用，我们先把它们的意思搞清楚。

`连接 apple 和 banana`：把 2 个字符串连接在一起，合并成一个新的字符串。

`apple 的第 1 个字符`：查找字符串中第 n 个字符，返回对应的字符。

`apple 的字符数`：返回字符串有多少个字符。

`apple 包含 a ?`：判断字符 a 是否在字符串 apple 中，返回 True 或者 False。

加加的舅舅从美国出差回来，给加加带了不少礼物，同时因为去美国需要把人民币兑换美元来消费，还剩了不少美元，舅舅顺便也把剩下的美元给了加加。加加可高兴坏了，问道："舅舅，1 美元相当于多少钱的人民币？美元值钱还是我们人民币值钱呢？"舅舅回答道："现在 1 美元约相当于人民币 6.5 元。加加，听说你学编程了，你可以编写一个汇率兑换软件，这样就马上能算出来了。我现在给你的是 163 美元，你看看相当于多少人民币呢？如果我给你 1000 元人民币，能兑换多少美元呢？"

加加想了想，对啊，我学了编程，可以自己做一个汇率转化的软件。该程序主要需要用到字符串相关的积木。

1. 输入美元，用 $ 开头，输入人民币，用￥开头，以便区分不同币种。

图 4-15-1　　　　　　　　　　　　图 4-15-2

比如，如果输入 $100，表示 100 美元，转化为人民币是 650 元；如果输入￥100，表示 100 元的人民币，转化成美元就是 $15.38。知道这个算法原理，加加通过画板，自己创建了两个角色。（图 4-15-1）

2. 先定义一个变量cash，通过"当角色被点击""询问（ ）并等待"得到"回答"，将录入的字符串存在变量 cash 中。（图 4-15-2）

3. 现在变量 cash 中得到了金额的字符串，我们的重点是如何判断录入的数据是美元还是人民币。核心就是判断字符串变量cash的第一个字符是"￥"还是 "$"，我们可以用到右图积木。（图 4-15-3）

图 4-15-3

4. 因为要进行计算，我们还需要把得到的字符串的第一个字符 "￥" 或者 "$" 去掉，将后面的数字取出来。其方法就是需要创建一个列表 存储字符串 ，将字符串第二位开始到结束后面的字符遍历出来并存放到此列表中。变量 "i" 表示去掉第一个字符后我们要遍历的字符，所以从 2 开始。遍历的次数是 "字符串的字符数 -1"。（图 4-15-4）

图 4-15-4

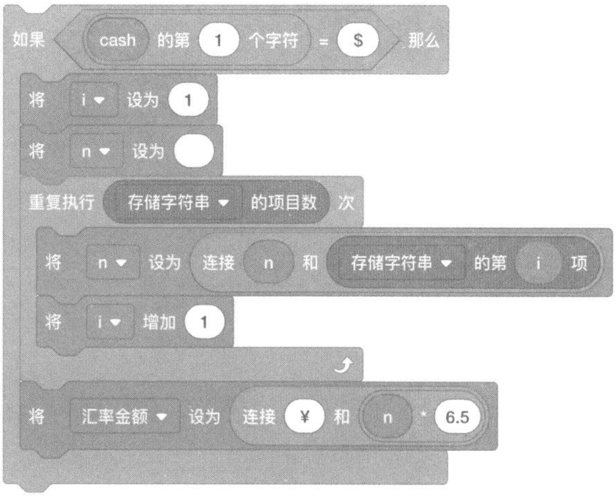

5. 最后我们转换汇率：如果输入开头是"￥"，我们就需要转化成美元，如果输入开头是"$"，我们就需要转化成人民币。我们将美元和人民币的汇率定为 1 ∶ 6.5，就是 $1=￥6.5。同样，需要对"存储字符串"的列表遍历，并将列表的每个元素放到字符串 n 中，

图 4-15-5

以便对变量 n 按照汇率公式计算。首先要初始化变量 n 为空  ，对应程序如图 4-15-5 所示。

如果是"￥"开头，计算公式改为 n ÷ 6.5 即可。

学会了美元和人民币之间的转换，同学们能不能做出日元、韩元、泰铢与人民币之间的转换程序呢？

程序清单

"请输入金额"对应的程序：

"汇率转化"对应的程序：

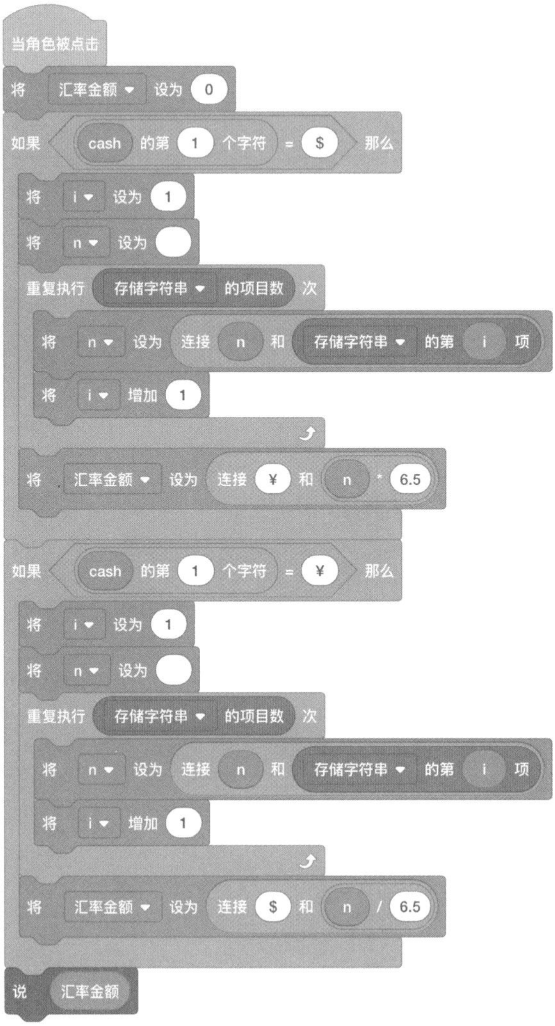

最后的效果：

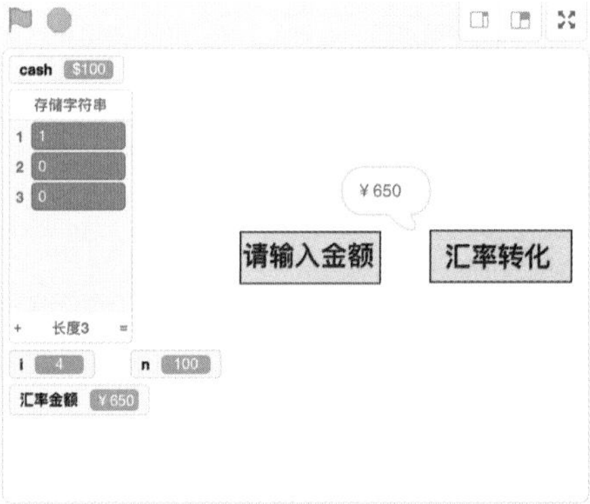

知识要点

1. 连接 apple 和 banana ，可以把字符串、变量或者表达式组合到一起形成一个句子，使得程序更清晰易懂。

2. apple 的第 1 个字符 ，查找字符串中第 n 个字符。

3. apple 的字符数 ，返回字符串有多少个字符。

4. apple 包含 a ？ ，判断字符是否存在于字符串中，返回 True 或者 False。

5. 通过循环语句遍历字符串，可以提取需要的字符重新组合成目标字符串。

 考点练习

1.加加班上组织六一活动,加加编写了一个猜字谜的游戏,阅读下面程序,输出的内容是_____。

当 ▶ 被点击

将 a ▼ 设为 连接 洪福齐天 的第 3 个字符 和 洪福齐天 的第 洪福齐天 的字符数 个字符

将 b ▼ 设为 大好河山 的第 1 个字符

将 c ▼ 设为 神圣不可侵犯 的第 2 个字符

说 连接 a 和 连接 b 和 c

2. 运行下面程序，会弹出"值得表扬"对话框的输入是（　　）。

A. 没什么难度　　　　　　　B. 没考好

C. 好像没有不会的　　　　　D. 还不错

趣味练习

一、打字比赛

看谁打字又快又准确。让用户输入一段古诗，输入完成后输出错了几个字，用时多少。

先创建"古诗"的变量：

> 将 古诗▼ 设为 日照香炉生紫烟，遥看瀑布挂前川。飞流直下三千尺，疑是银河落九天。

再创建"输入古诗的变量"，通过"询问并等待"记录输入古诗，同时用计时器积木计时：

> 将 古诗▼ 设为 日照香炉生紫烟，遥看瀑布挂前川。飞流直下三千尺，疑是银河落九天。
>
> 计时器归零
>
> 询问 请输入古诗 并等待
>
> 将 古诗▼ 设为 回答
>
> 将 时间▼ 设为 计时器

循环遍历古诗的字符串，对比用户输入的内容，看看错误的字有几个：

> 将 i▼ 设为 1
>
> 将 错字数▼ 设为 0
>
> 重复执行 古诗 的字符数 次
>
> 　如果 古诗 的第 i 个字符 = 输入古诗 的第 i 个字符 不成立 那么
>
> 　　将 错字数▼ 增加 1
>
> 　将 i▼ 增加 1

二、镑和公斤转化

用户输入100镑或者100公斤，把它转化成相对应的公斤或者镑是多少？（提示：1公斤 = 2.2磅，1磅 = 0.45公斤）

第五单元
综合运用

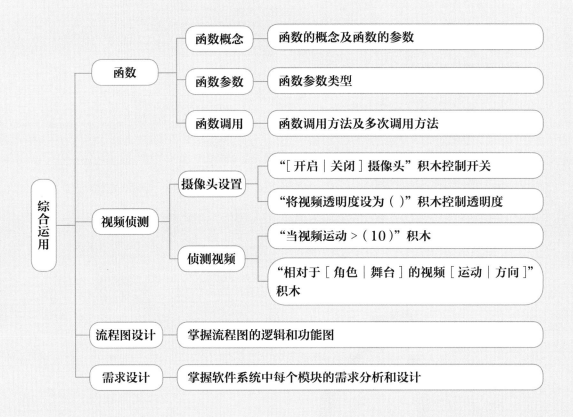

第16课　直升机驾驶训练

我们以前学过了不少函数，比如四舍五入函数、绝对值函数、取余函数等。那什么是函数呢？

函数就是封装好的一段程序块，可以直接调用。系统已经写好的能直接调用的称为系统函数，如：

在我们实际编程中，可能多次使用某个程序块，但是系统中提供的函数无法满足需要，这个时候，我们就可以自己编写程序定义函数，方便以后的重复使用。比如我们可以编写一个画正方形的函数：

第一步：选中"自制积木"模块，点击"自制新积木"，并修改积木名称为"正方形函数"。（图 5-16-1）

点击"完成"按钮，我们就新创建了一个积木。但是，此时的积木还没有功能，我们可以对该积木编写程序，我们使用画笔模块，画一个正方形。（图 5-16-2）

图 5-16-1

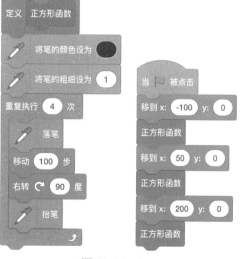

图 5-16-2

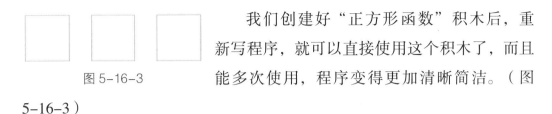

图 5-16-3

我们创建好"正方形函数"积木后，重新写程序，就可以直接使用这个积木了，而且能多次使用，程序变得更加清晰简洁。（图5-16-3）

自定义函数（自制积木）可以不带参数，也可以带参数，参数有 3 种形式：数字或文本参数、布尔值参数、文本标签。其中文本标签是为了便于表达参数的含义，并不是真正的参数。其余两种可以作为参数供调用者传值给函数。新建参数的过程中需要注意参数的顺序，因为我们调用函数时是按照顺序依次传入参数的。定义参数时最好给参数取个名字，使用参数时，拖动函数名称里的参数即可使用。这一点与普通变量的使用方法有区别，大家请注意。（图5-16-4）

图 5-16-4

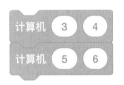

图 5-16-5

定义好函数之后，我们可以在程序中调用它了。（图5-16-5）

点击"运行"，输入两个数 200 和 50，我们可以看到如图 5-16-6 所示结果。

我们学习了自定义函数（自制积木）的用法，现在可以用自定义函数来完成一个复杂点的程序了。飞行员刚学习开飞机的时候需要在模拟飞机上学习如何操作飞行，这样可以有效减少飞行事故，今天我

图 5-16-6

们就可以开发一个模拟直升机飞行的软件，让小朋友们也能体验一下驾驶直升机的乐趣。

障碍物能不断从右向左运动，通过按下和松开鼠标，控制直升机上下运动，当直升机飞过障碍物且没有碰到障碍物时，积分增加 1 分，如果碰到障碍物，积分就减少 1 分。

第一步，制作角色：

我们先选择一架直升机，再画 2 个障碍物。创建 2 个变量，分别表示下柱子的 x 坐标和 y 坐标。（图 5-16-7）

第二步，对下柱角色写程序：

定义一个从右向左运动的函数 `从右向左运动`，使得下柱的障碍物不间断地从右向左运动。（图 5-16-8）

点击"运行"积木开始调度函数：

第三步，上柱角色程序：

"上柱"角色我们需要和"下柱"同步从右向左运动，需要 x 同步，因

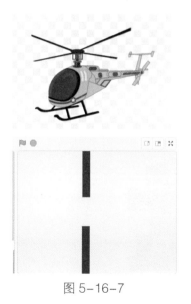

图 5-16-7

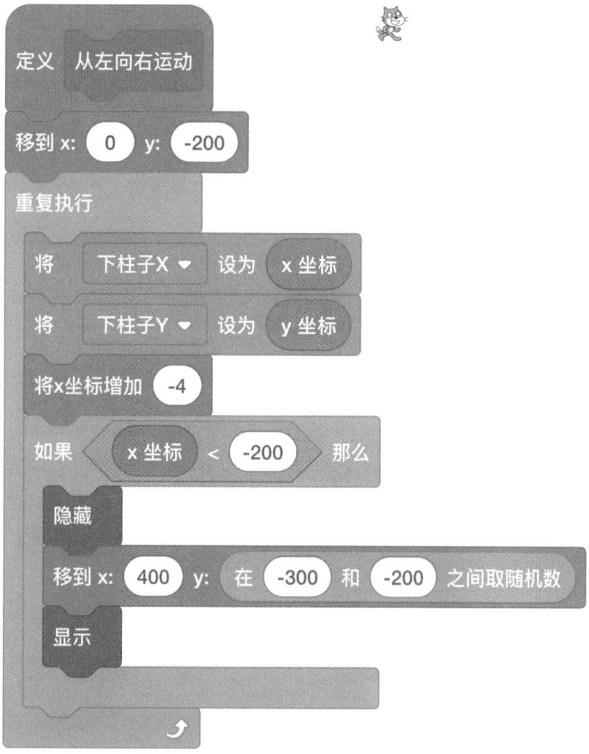

图 5-16-8

157

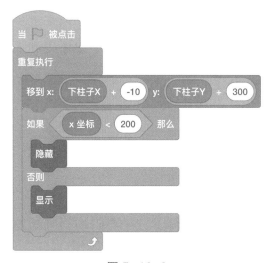

图 5-16-9

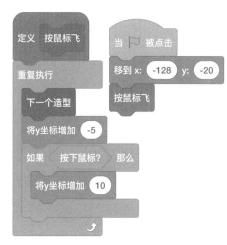

图 5-16-10

为两个角色程序有一定间隔，可以将 x 坐标保持适当的差距，y 坐标和下柱保持一定距离，使得直升机能飞过空隙。（图 5-16-9）

第四步，直升机控制程序：

我们需要直升机按下鼠标能飞翔，y 坐标增加，如果不按下鼠标，直升机就往下降落。我们定义一个函数　定义 按鼠标飞 ，其程序如图 5-16-10 所示。

增加一个得分变量，记录直升机得分情况，当穿过柱子并且没有碰到柱子得 1 分，如果碰到柱子就减 1 分。（图 5-16-11）

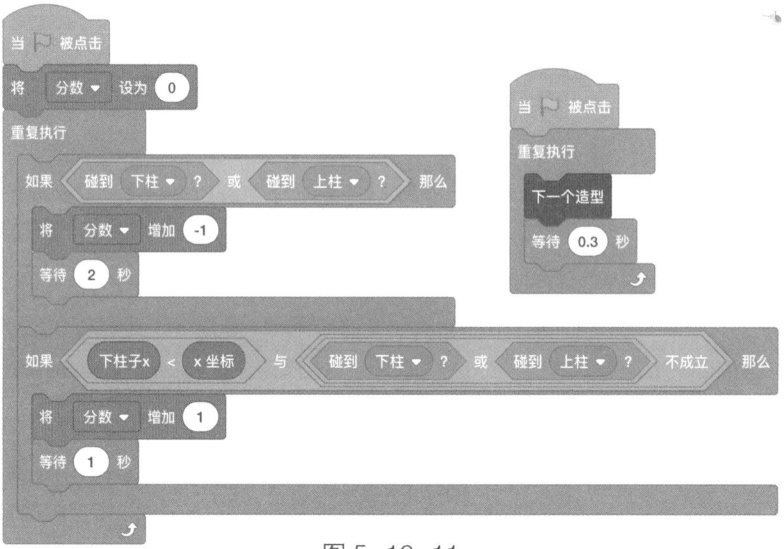

图 5-16-11

小朋友们自己实战一下吧，用了自定义函数，是不是感觉程序更加模块化，程序结构更加清晰易懂呢？

 ## 知识要点

1. 自制积木即自定义函数，把部分相同程序块封装起来，通过修改特定参数，便于重复使用。

2. 函数的参数可以是 0 个或者多个，参数的类型可以是数字、文本或者布尔型。

 ## 考点练习

1. 根据下图程序和程序执行后画出的图，"？"处应该填写_____。

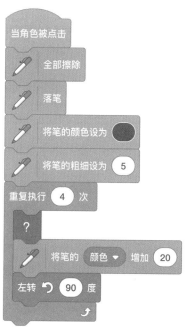

2. 执行下面程序，小猫最后面向的度数是_____。

 趣味练习

一、医生大战病毒

在现实生活中，每当我们生病的时候，总是有很多白衣天使会守护我们的安全，赶走病毒。不如我们也做一次白衣天使，努力地把所有的病毒都赶走吧！

题目要求：从编程加加网站的素材大全中搜索医生、病毒的素材作为角色。病毒随

时入侵我们，当按下空格，医生发射药丸子弹，当药丸子弹碰到病毒，病毒被消灭，同时得分增加。

提示：

1. 通过按下上下左右键，控制医生运动。

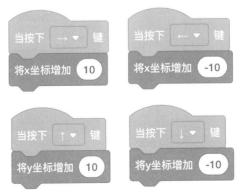

2. 按下空格键的时候，药丸子弹移动到医生身上，同时克隆自己，然后发射。我们可以通过自定义函数实现"发射"。

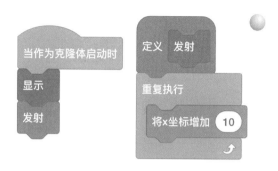

3. 病毒攻击，病毒随机出现在屏幕右侧，然后不断向左侧移动，用自定义函数编写攻击程序。

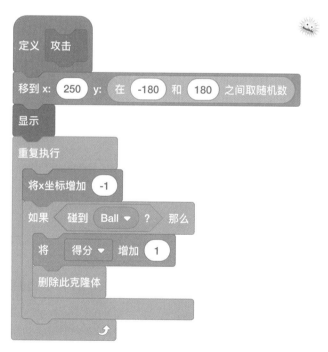

二、高级画笔

传说之前有一个孩子叫马良，因为家里很穷没有钱买笔，只能用树枝在地上画画。有一天，一位老爷爷送了马良一支笔，从此马良画的东西都能变成真的。画了金子就真的变成了金子！现

在我们可以用程序作画，学会高级画笔的用法，看能不能在天上画很多星星呢？

提示：

1. 找一个画笔的角色，画笔随着鼠标一起运动，当按下鼠标的时候，我们就让画笔自动画五角星。

2. 画星星的功能我们通过自定义函数来实现，让程序自动画星星。

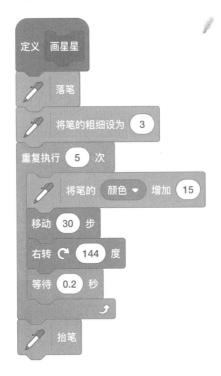

第17课　智能卧室灯

　　加加家里的灯开关在门边，每次加加都要走到门口关了灯再上床睡觉，但是冬天很冷，加加实在不想走到门口去关灯，于是加加就想用程序控制灯的开关，坐在床上用手一挥就可以开灯和关灯。同学们，我们一起来帮加加做个这样的智能开关吧。

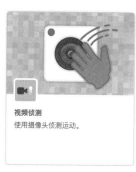

图 5-17-1

　　首先，要使用视频侦测积木，点击编辑器左下角的"添加扩展"按钮，从打开的"选择一个扩展"窗口中，选择"视频侦测"，在积木类型列表中就会出现"视频侦测"类别。需要注意的是，要使用视频侦测积木，你的设备需要有摄像头。（图 5-17-1）

　　"视频侦测"模块下有 4 个积木，它们对应的功能：

　　1. 当视频运动 > 10 ，当视频运动大于某一个数值的时候，执行下面的程序。

　　2. 相对于 角色 ▼ 的视频 运动 ▼ ，侦测摄像头所提供的视频相对于角色或舞台的运动幅度或运动方向。

　　3. 开启 ▼ 摄像头 ，摄像头开启或者关闭。

　　4. 将视频透明度设为 50 ，设置视频的透明度，数值愈大，影像愈透明；反之，数值愈小则影像愈不透明。

　　从上表中可以看出，1 号积木"当视频运动 >（10）"，是一个启动积木，只要满足摄像头所监控到的视频运动大于某一个幅度，就可以执行下面的代码。它适合于执行只要有视频运动就需要开始执行的操作。

　　2 号积木"相对于［角色］的视频［运动］"的第一个下拉框，可以选

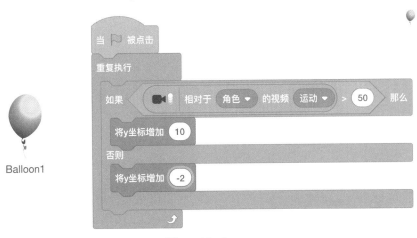

图 5-17-2

择"角色"或"舞台"，后面的第 2 个"下拉框"可以选择"运动"或者"方向"。可见，这个积木检测到的，是摄像头所捕获的视频相对于角色或舞台的运动方向，或者是相对于角色或舞台的运动幅度。这个积木块所检测到的信息，常常作为一个变量，和条件判断积木块一起使用，只要视频相对角色或舞台的运动方向或者幅度达到某种条件，就执行相应的操作。因此，这个积木块用法更加灵活，作用也更大。

在素材库中，选一个 Balloon1 的角色。我们先测试一下，当模拟用手去向上推气球时，气球 y 坐标增加，否则 y 坐标减少。（图 5-17-2）

我们看到，只要在视频方向的运动 >50，气球就向上运动。为了更加形象，我们可以让运动方向和相对视频运动方向一致。在 -30 度和 30 度之间，气球 y 坐标才增加，否则自由降落。（图 5-17-3）

图 5-17-3

同时，如果我们视频相对于舞台运动方向左大于 30，相当于向左拍气球，x 坐标相应减少，视频相对于舞台运动方向右大于 30，相当于向右拍气球，x 坐标相应增加。（图 5-17-4）

最后，学会用手势去控制气球的运动之后，只需要程序稍做修改就可实

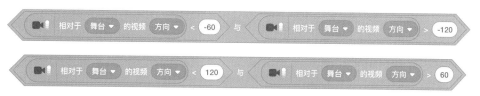

图 5-17-4

现开关灯了。

增加一个卧室的背景，在背景上添加一个造型，用矩形工具全涂成黑色来代表关灯状态。（图 5-17-5）

然后写程序控制，当手从左向右滑动时切换背景为造型 1，从右向左滑动时切换背景为造型 2。（图 5-17-6）

我们还可以从编程加加网站下载开灯和关灯的语音，开灯的时候播放语音播报，是不是更智能了呢?

图 5-17-5

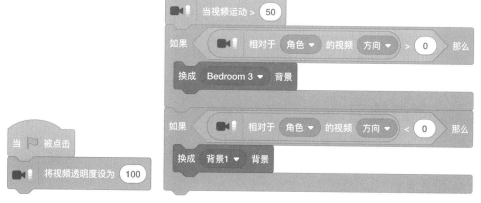

图 5-17-6

程序清单

知识要点

1.　"当视频运动 >（10）"积木块，是一个启动积木，只要满足摄像头所监控到的视频运动大于某一个幅度，就可以执行下面的后续角色或者背景的代码。

2.　"相对于［角色］的视频［运动］"积木有两个参数，第一个参数可以选择"角色"或"舞台"，第二个参数可以选择"运动"或者"方向"。这个积木块所检测到的视频运动信息，常常作为一个变量，和条件判断积木块一起使用，以便控制其他角色的程序执行。

3.　"［开启］摄像头"积木，控制摄像头的开和关。

4.　"将视频透明度设为（）"，调整摄像头捕捉的视频在舞台区成像的透明度。

考点练习

1. 调用视频侦测积木，想让摄像头捕捉的影像在舞台区隐藏，可以设置视频透明度为（　　）。

A．0　　　　　　　　　　　B．50

C．100　　　　　　　　　　D．–1

2. 执行下面代码，篮球可能的运动方向是（   ）。

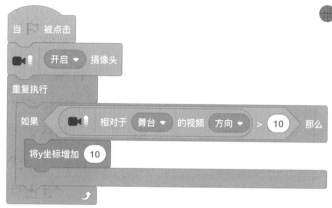

A. 上   B. 下

C. 左   D. 右

 趣味练习

一、亡羊补牢

牧场里羊圈的门坏掉了，绵羊纷纷从圈里跑了出来，羊儿独自在野外太久了会被大灰狼吃掉的。为了把它们赶回羊圈，加加想要设计一个程序，只需要用手在摄像头前指挥羊，羊就会按照要求前进，羊只能从入口进入羊圈，如果碰到羊圈就无法前行，同学们用这节课学习的摄像头控制积木完成这个程序吧。

要求：设计一个有门的羊圈，羊会随机到处行走，但是不能穿过墙。用手在摄像头前挥动，羊就会沿着手运动的方向行走，当羊全部进入圈里后就宣布游戏胜利。为了增加趣味性，同学们还可以继续完善程序，增加大灰狼吃羊的设定，如果损失的羊太多，则宣布游戏失败。

提示：

1. 用画板自己创建羊圈的角色。

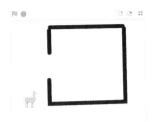

2．羊碰到围栏无法穿越。用侦测颜色判断羊是否碰到围栏的颜色，然后按照羊运动的相反方向后退。

3．通过视频侦测，驱赶羊入羊圈。此时，需要用到"相对于［舞台］的视频［方向］"来驱动羊的运动方向，相对于 x，y 轴的 4 个方向，夹角 60 度即可。

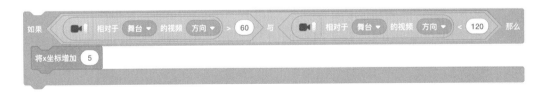

4．角色羊完整程序：

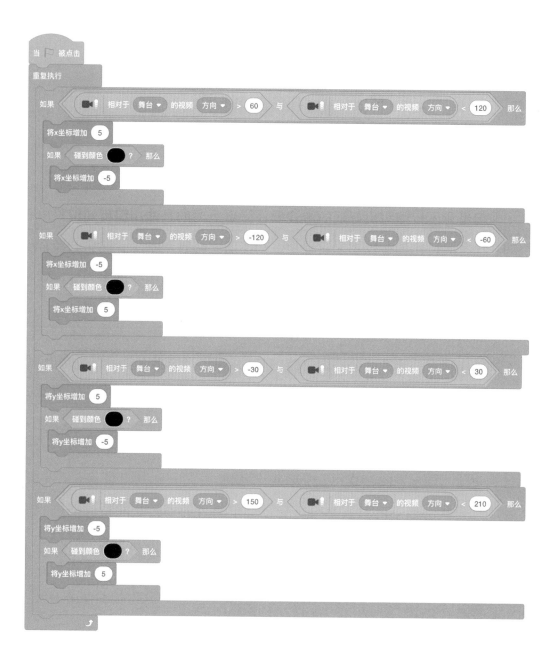

第18课　未来图书馆

学习编程不仅能写出好玩的游戏软件，更重要的是能用编程知识写出有用的软件系统，比如学校用来管理学生档案的学籍管理系统、同学们经常用的安全教育平台、火车站的在线购票系统、疫情期间使用的健康码、行程管理等，这些系统为我们的日常生活带来了很多便利，同学们学好编程之后也可以开发这些实用的系统。

加加小区有一家社区公益图书馆，只要办理一张借书卡就可以免费借书。加加最喜欢周末去挑选几本书，下个周末的时候正好读完，还书的同时再借几本新书。

为了方便图书管理，图书馆会根据书的类别把相同种类的书放到一起，再根据每本书的条形码按从小到大的顺序排列。

加加每次去借书的时候都很享受在琳琅满目的书架之间精挑细选的快乐。不过有一次她听同学说有一本叫作《未来密码》的书很有意思，描述的是两个小朋友意外来到火星后把火星从荒无人烟发展到建立起了高级外星文明，最后回到地球避免了地球灭亡的故事。加加为了找到这本书在图书馆里寻找了将近一个小时，最后还是没找到。到管理员阿姨那里询问，阿姨翻看了 Excel 记录才告诉加加图书馆里没有这本书。

还有一次加加去借一本书的时候管理员说馆里有这本书，但是借出去了，由于没记录借书人的电话，只能等他主动来还书了。不过这本书已经被借了好几个月了，可能是借书人都忘记借了这本书了吧。

而且，加加每次还书的时候发现管理员都要花很长时间去查找这本书应该放到哪个书架的哪个位置，还书的人太多了就会造成工作量巨大，管理员往往要花数个小时才能把全部书归位。

要是有个机器人管理员就好了，借书人可以在机器人的触摸屏上输入想借的书的名字或内容关键字，机器人就可以回答有没有这本书，如果确认要借这本书，机器人还能自动找出这本书给借书人并记录下借书人的电话等信息。还书的时候机器人会自动识别书的条形码将书放到正确位置上。

加加想，可以通过编程来解决这个问题，暂时没办法开发出机器人没关系，我们可以先在电脑上实现查询、借书、还书的信息管理，用一个虚拟机器人模拟取书和还书的操作，等以后学了制造机器人再做出实体机器人。

为了开发好这个复杂的系统，加加先和管理员进行了详细的需求分析，总结出如下需求。

1．系统管理功能：点击右上角的系统管理功能后首先要输入管理员密码，密码正确后可以出现管理员功能列表，可以选择书架定义、书籍入库、借书卡管理功能。

2．书架定义：定义图书馆有几个书架，每个书架存放什么类别的书，每个书架的位置坐标。

3．书籍入库：录入书名、类别、条形码、作者、简介，录入完成后可以看到目前已经录入了哪些书籍。

4．借书卡管理：录入借书人信息，包括姓名和电话，以后借书人输入名字即可省略重复输入个人信息。

5．借书人功能选择界面：点击机器人，弹出功能选择界面，在界面中可以选择查询、借书、还书三种功能。

6．查询图书：输入书名或关键字，输出符合要求的书以及每本书的介绍、是否已经借出了、借书人的信息。

7．借书功能：如果库中有该书，输入书名和借书人的信息后机器人可自动寻找到该书所在位置取出书后交给借书人。

8．还书功能：输入书名，机器人自动将书放回书架的正确位置并更新书的借还信息。

有了需求后加加根据每个功能画出了程序设计的流程图。

1．系统管理

进入系统管理需要先输入密码，验证密码的流程图如下：

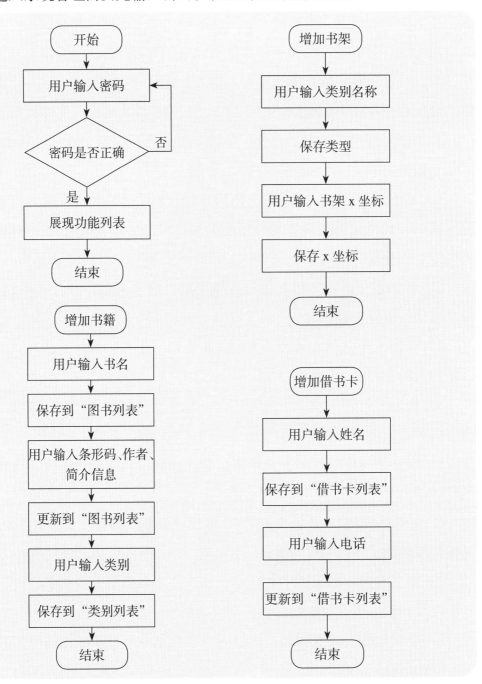

2．查询功能

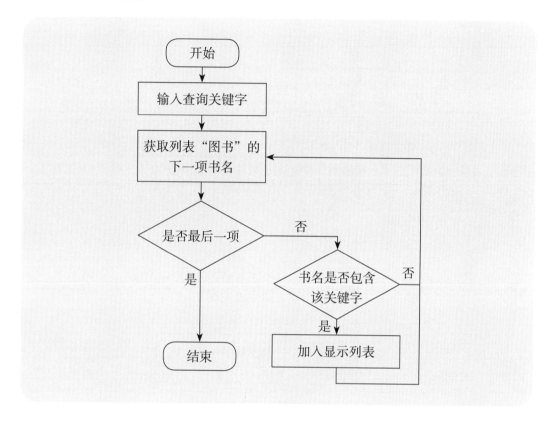

开始

输入查询关键字

获取列表"图书"的
下一项书名

是否最后一项 ——否——

是

书名是否包含
该关键字 ——否——

是

结束 加入显示列表

3. 借书功能

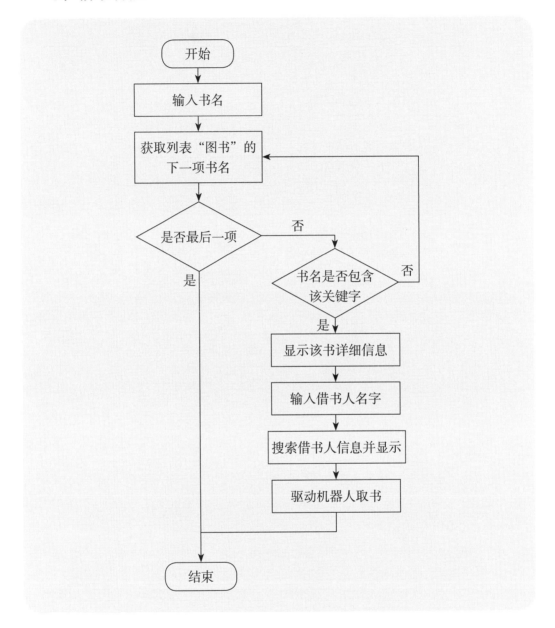

4．还书功能

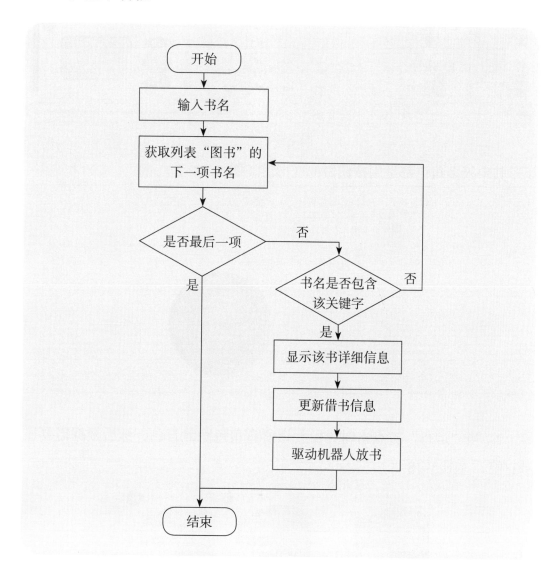

流程图只是表示复杂系统的几个核心程序，还有很多零散的小程序就不再一一列举了。

具体开发步骤如下：

1．搭建程序主场景及相关按钮。（图5-18-1）

图 5-18-1

其中很多角色都是用按钮做的变形。（图 5-18-2）

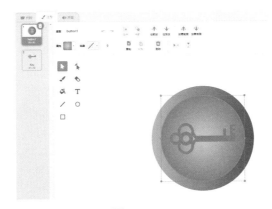

图 5-18-2

2. 当"运行"被点击时，需要让所有角色隐藏自己，然后根据需要显示它们。（图 5-18-3）

图 5-18-3

由于所有角色程序均相同，所以不在此一一列举了。

3. 当用户点击"系统管理"按钮时需要显示相关界面，所以我们在"系统管理"按钮书写如下程序。（图 5-18-4）

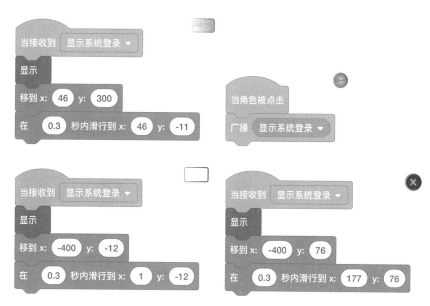

图 5-18-4

由于需要完成登录才能显示其他按钮，所以我们需要先书写用户登录程序。（图 5-18-5）

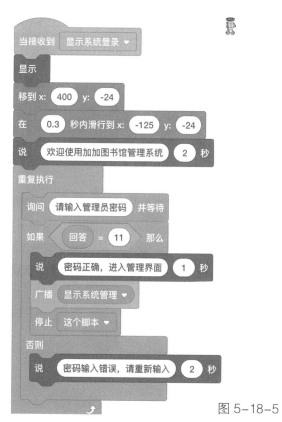

图 5-18-5

上述程序中判断用户输入的密码如果正确,则发送广播"显示系统管理"。其他相关按钮接收到该消息后显示自己。（图 5-18-6）

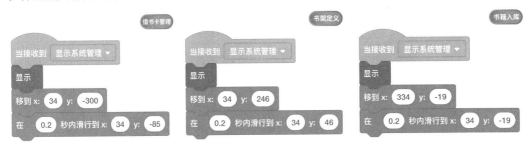

图 5-18-6

完成了上述程序后模块化测试一下，程序运行效果如下（图 5-18-7）：

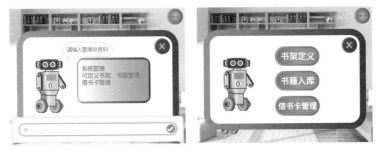

图 5-18-7

当点击关闭按钮时，需要让这些角色消失。（图 5-18-8）

图 5-18-8

其他需要隐藏的角色请同学们自己添加程序。

4. 显示出三个按钮后，我们需要为每一个按钮书写程序，第一个按钮是"书架定义"。当点击"书架定义"按钮时需要隐藏"书籍入库"和"借书卡管理"按钮，同时显示"增加书架"和"删除书架"按钮。为了保存书架信息，我们先建立两个列表，书架、书架坐标。书架列表是为了保存背景中4个不同的书架每个书架存放什么类别的图书，为了便于机器人取书，我们需要输入每个书架的x坐标。一个列表只能存储一类数据，没办法我们只能用两个列表来保存书架信息。（图5-18-9）

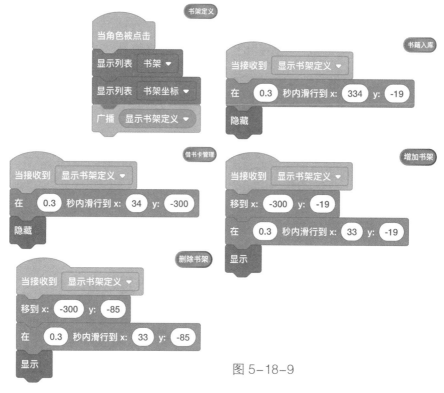

图 5-18-9

运行效果如下（图5-18-10）：

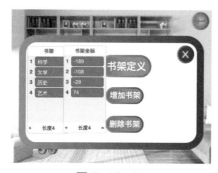

图 5-18-10

5．点击"增加书架"按钮，让用户输入书架名称和 x 坐标，就可以定义新书架了。删除书架比较简单，输入要删除的书架序号即可。（图 5-18-11）

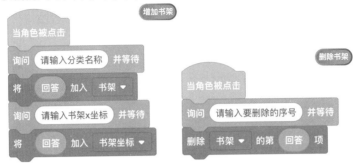

图 5-18-11

6．书籍入库按钮被点击时同样的道理，隐藏不需要的按钮，显示需要的按钮。（图 5-18-12）

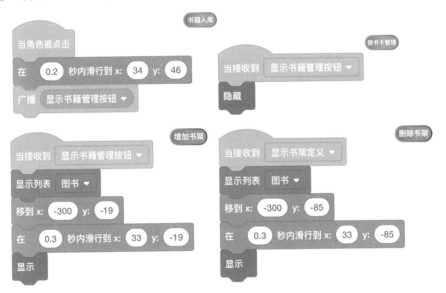

图 5-18-12

运行效果如下（图 5-18-13）：

图 5-18-13

点击"增加书籍"按钮时，让用户输入书的相关信息。我们需要用列表"图书"来保存图书信息。为了方便信息管理，我们又增加了"类别"和"借书信息"两个列表。操作"图书"列表时，这两个列表也要同步增减。（图5-18-14）

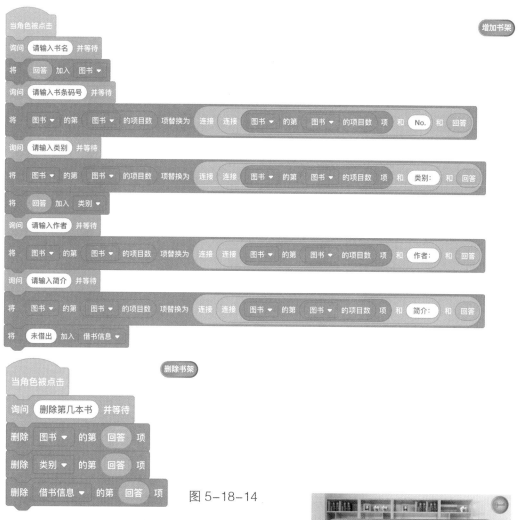

图 5-18-14

7. 办理借书卡的功能并不复杂，我们用一个"借书卡"列表来保存会员信息，先简单地存储姓名和电话即可。（图5-18-15）

图 5-18-15

点击"借书卡管理"按钮时与之前的程序类似，隐藏不需要的按钮，同时显示需要的按钮。（图 5-18-16）

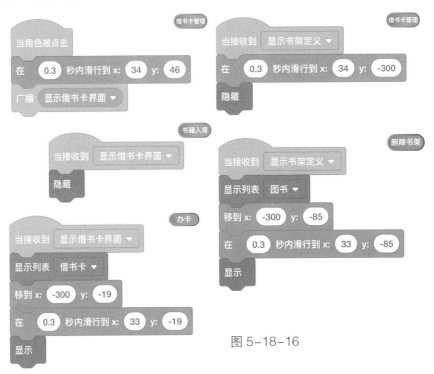

图 5-18-16

点击"办卡"按钮时，用户输入办卡人的姓名和电话，我们需要将其保存在列表中。（图 5-18-17）

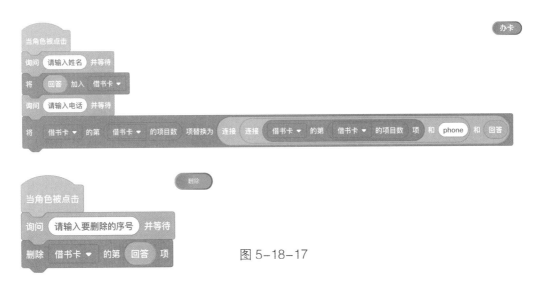

图 5-18-17

至此，我们系统中需要的基础数据管理功能全部完成了，测试时我们可以显示所有列表，查看列表中的数据是否都能正常修改。目前我们已经使用了6个列表。（图5-18-18）

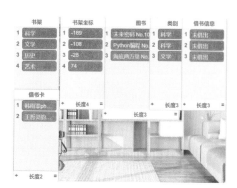

图 5-18-18

8．接下来应该书写客户查询书籍的功能了。当点击"服务机器人"时，系统会弹出功能选择界面。（图5-18-19）

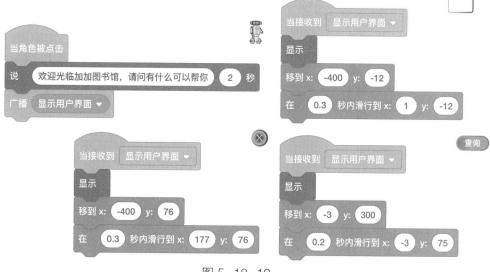

图 5-18-19

其余两个按钮"借书"和"还书"程序与"查询"按钮类似，不在此赘述了。程序运行效果如下。（图5-18-20）

图 5-18-20

9. 点击查询按钮时，客户输入查询关键字，我们需要写程序从"图书"列表中搜索需要的内容。（图 5-18-21）

图 5-18-21

此处搜索列表用到了遍历的概念，遍历就是把列表中的每一项内容查询一次，该程序中我们增加了一个变量"序号"来记录当前正在查询的数据的序号，每循环一次"序号"增加一次。每循环一次即查看该数据是否符合要求，如果符合要求将其放在"查询列表"中。

程序运行结果如下。（图 5-18-22）

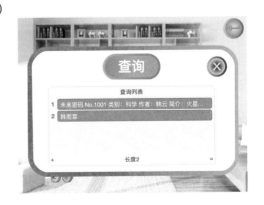

图 5-18-22

10. 查询功能可以从电脑上进行，当然也可以直接去书架上浏览。找到需要的书后，下一步该办理借书业务了。（图5-18-23）

图 5-18-23

程序运行效果如下（图 5-18-24）：

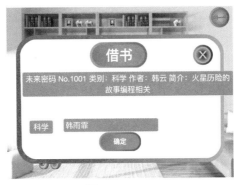

图 5-18-24

上述程序依然是用列表的遍历来查找需要的数据，查找到需要的数据后用相同的序号去显示该书的其他信息即可。为了简化程序，我们采用了自制积木。（图 5-18-25）

图 5-18-25

点击"确定"按钮后，执行借书程序。首先询问借书人的姓名，根据姓名查询该借书人的详细信息，然后在书的信息中记录借书人的信息。（图 5-18-26）

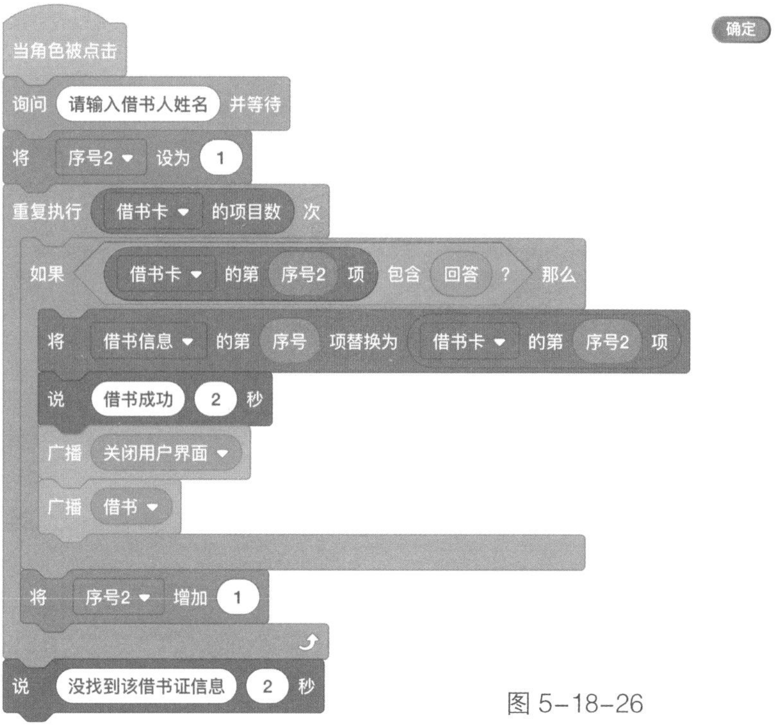

图 5-18-26

然后发送广播“借书”，机器人收到广播后，去相应的书架取书。（图 5-18-27）

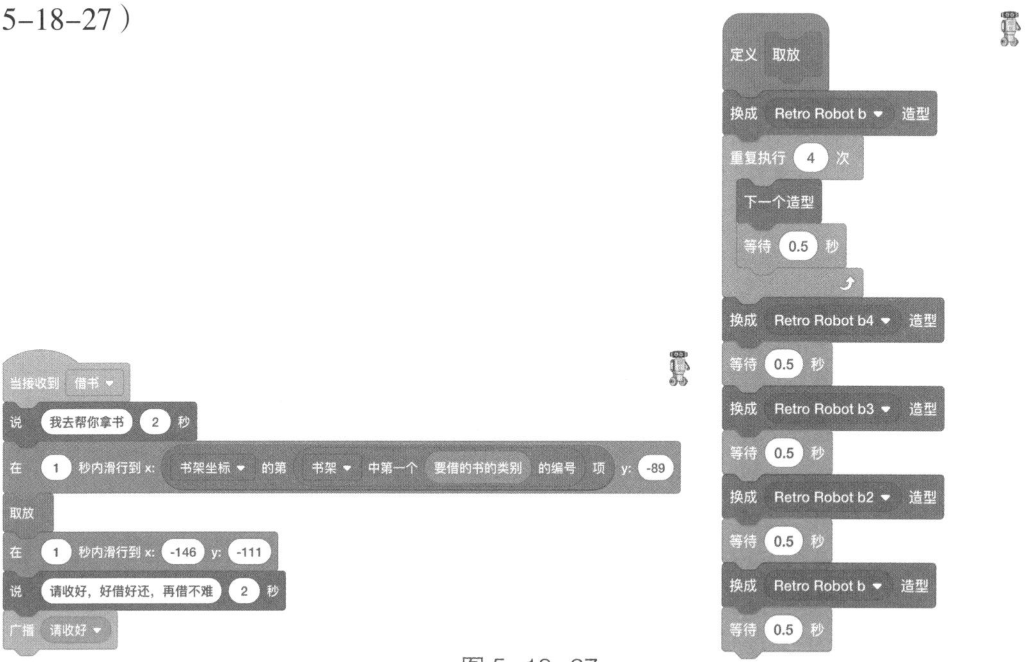

图 5-18-27

为了模拟机器人取书的操作，我们修改了机器人的造型。（图 5-18-28）

图 5-18-28

机器人取出书后，用户点击礼盒完成借书流程。（图 5-18-29）

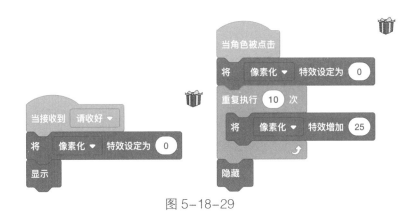

图 5-18-29

11. 还书时，需要输入书名，从"图书"列表中找到该书。（图 5-18-30）

图 5-18-30

确定"还书"按钮点击后，将书的信息更新为"未借出"，同时广播消息，让机器人把书放回去。（图 5-18-31）

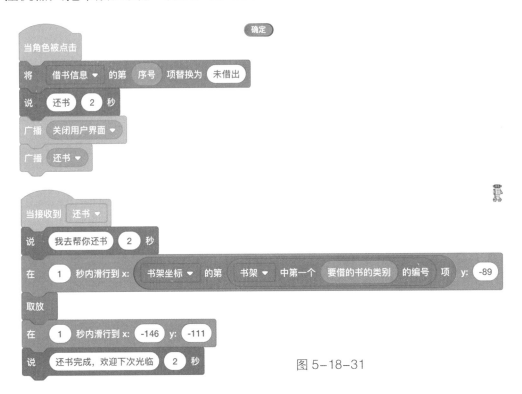

图 5-18-31

至此我们完成了所有程序。

附　录

图形化编程能力划分为三个等级，每级分别规定相应的总体要求及对核心知识点的掌握程度和对知识点的能力要求。依据 NCT 进行的编程能力等级测试和认证，均应使用图形化编程平台，应符合相应等级的总体要求及对核心知识点的掌握程度和对知识点的能力要求。

本部分不限定图形化编程平台的具体产品，基于典型图形化编程平台的应用案例作为示例和资料性附录给出。

青少年编程能力等级（图形化编程）共包括三个级别，具体描述如表 1 所示。

表 1　图形化编程能力等级划分

等级	能力要求	能力要求说明
图形化编程一级	基本图形化编程能力	掌握图形化编程平台的使用，应用顺序、循环、选择三种基本的程序结构，编写结构良好的简单程序，解决简单问题
图形化编程二级	初步程序设计能力	掌握更多编程知识和技能，能够根据实际问题的需求设计和编写程序，解决复杂问题，创作编程作品，具备一定的计算思维
图形化编程三级	算法设计与应用能力	综合应用所学的编程知识和技能，合理地选择数据结构和算法，设计和编写程序解决实际问题，完成复杂项目，具备良好的计算思维和设计思维

图形化编程二级核心知识点及能力要求

1. 综合能力及适用性要求

在一级能力要求的基础上，要求能够掌握更多编程知识和技能，能够根据实际问题的需求设计和编写程序，解决复杂问题，创作编程作品，具备一定的计算思维。

示例：设计一个春夏秋冬四季多种农作物生长的动画，动画内容要求体现出每个季节场景中不同农作物生长状况的差异。

图形化编程二级综合能力要求如下：

——编程技术能力：能够阅读并理解具有复杂逻辑关系的脚本，并能预测脚本运行结果；能够使用基本调试方法对程序进行纠错和调试；能够合理地对程序注释；

——应用能力：能够根据实际问题的需求设计和编写程序，解决复杂问题；

——创新能力：能够根据给定的主题场景创作多个屏幕、多个场景和多个角色进行交互的动画和游戏作品。

图形化编程二级与青少年学业存在如下适用性要求：

——前序能力要求：具备图形化编程一级所描述的适用性要求；

——数学能力要求：掌握小数的概念；掌握角度的概念；了解负数的基本概念；

——操作能力要求：熟练操作电脑，熟练使用鼠标和键盘。

2. 核心知识点能力要求

图形化编程二级包括 17 个核心知识点，具体说明如表 2 所示。

表 2　图形化编程二级核心知识点及能力要求

编　号	名　　称	能力要求
1	二维坐标系	掌握二位坐标系的基本概念
1.1	坐标系术语	了解 x、y 轴，原点和象限的概念
1.2	坐标的计算	掌握坐标计算的方法，能够通过计算和坐标设置在舞台上精准定位角色
2	画板编辑器的使用	掌握画板编辑器的常用功能
2.1	图层的概念	掌握图层的概念，能够使用图层来设计造型或背景
3	运算操作	掌握运算相关指令模块，完成常见的运算和操作

编　号	名　称	能力要求
3.1	算术运算	掌握算术运算的概念，完成常见的四则运算、向上向下取整和四舍五入，并在程序中综合应用
3.2	关系运算	掌握关系运算的概念，完成常见的数据比较，并在程序中综合应用 例：在账号登录的场景下，判断两个字符串是否相同，验证密码
3.3	逻辑运算	掌握与、或、非逻辑运算指令模块，完成逻辑判断
3.4	字符串操作	掌握字符串的基本操作，能够获取字符串中的某个字符，能够检测字符串中是否包含某个子字符串
3.5	随机数	掌握随机数的概念，结合算术运算生成随机的整数或小数，并在程序中综合应用 例：让角色等待 0~1 秒的任意时间
4	画笔功能	掌握画笔功能，能够结合算术运算、转向和平移绘制出丰富的几何图形 例：使用画笔绘制五环或者正多边形组成的繁花图案等
5	事件	掌握事件的概念，能够正确使用常见的事件，并能够在程序中综合应用
6	消息的广播与处理	掌握广播和消息处理的机制，能够利用广播指令模块实现多角色间的消息传递 例：当游戏失败时，广播失败消息通知其他角色停止运行
7	变量	掌握变量的用法，在程序中综合应用，实现所需效果 例：用变量记录程序运行状态，根据不同的变量值执行不同的脚本；用变量解决如鸡兔同笼等数学问题
8	列表	了解列表的概念，掌握列表基本操作
8.1	列表的创建、删除与显隐状态	掌握列表创建、删除和在舞台上显示隐藏的方法，能够在程序中正确使用列表
8.2	添加、删除、修改和获取列表中的元素	掌握向列表中添加、删除元素、修改和获取特定位置的元素的指令模块
8.3	列表的查找与统计	掌握在列表中查找特定元素和统计列表长度的指令模块
9	函数	了解函数的概念和作用，能够创建和使用函数
9.1	函数的创建	了解创建函数的方法，能够创建无参数或有参数的函数，增加脚本的复用性
9.2	函数的调用	了解函数调用的方法，能够在程序中正确使用

续表

编　号	名　称	能力要求
10	计时器	掌握计时器指令模块，能够使用计时器实现时间统计功能，并能实现超时判断
11	克隆	了解克隆的概念，掌握克隆相关指令模块，让程序自动生成大量行为相似的克隆角色
12	注释	掌握注释的概念及必要性，能够为脚本添加注释
13	程序结构	掌握顺序、循环、选择结构，综合应用三种结构编写具有一定逻辑复杂性的程序
13.1	循环结构	掌握循环结构的概念，掌握有终止条件的循环，掌握嵌套循环结构
13.2	选择结构	掌握多分支的选择结构，掌握嵌套选择结构的条件判断
14	程序调试	掌握程序调试，能够通过观察程序运行结果和变量的数值对 bug 进行定位，对程序进行调试
15	流程图	掌握流程图的基本概念，能够使用流程图设计程序流程
16	知识产权与信息安全	了解知识产权与信息安全的概念，了解网络中常见的安全问题及应对措施
16.1	知识产权	了解不同版权协议的限制，在程序中正确使用版权内容 例：在自己的作品中可以使用CC版权协议的图片、音频等，并通过作品介绍等方式向原创者致谢
16.2	网络安全问题	了解计算机病毒、钓鱼网站、木马程序的危害，了解相应的防御手段 例：定期更新杀毒软件及进行系统检测，不轻易点开别人发送的链接等
17	虚拟社区中的道德与礼仪	了解虚拟社区中的道德与礼仪，能够在网络上与他人正常交流
17.1	信息搜索	了解信息搜索的方法，能够在网络上搜索信息，理解网络信息有真伪、优劣
17.2	积极健康的互动	了解在虚拟社区上与他人交流的礼仪，在社区上积极主动与他人交流，乐于帮助他人和分享自己的作品

参考答案